中国自动化学会发电自动化专业委员会

火电厂热控系统电源可靠性配置与预控

中国自动化学会发电自动化专业委员会 组编
岳建华 主编

中国电力出版社
CHINA ELECTRIC POWER PRESS

内 容 提 要

为贯彻落实“坚持预防为主，落实安全措施，确保安全生产”的方针，提高热控系统电源的可靠性和机组运行经济性，中国自动化学会发电自动化专业委员会针对曾经发生的火电厂热控系统电源故障案例的原因、事故处理经验与教训和运行检修维护管理工作中的问题，经对火电厂热控系统电源可靠性系统研究后，提出了火电厂热控系统电源可靠性配置与预控措施。

本书可作为火电厂热控专业深化管理，制订热控系统电源回路反事故技术措施的指导性文件，供火电厂热控系统电源的回路设计、安装、调试、检修、试验、维护、运行及监督管理专业人员使用。

图书在版编目(CIP)数据

火电厂热控系统电源可靠性配置与预控/岳建华主编；中国自动化学会发电自动化专业委员会组编. —北京：中国电力出版社，2016.7（2018.8重印）

ISBN 978-7-5123-9556-5

Ⅰ.①火… Ⅱ.①岳…②中… Ⅲ.①火电厂-热控制-电源-可靠性-配置 Ⅳ.①TM621.4

中国版本图书馆 CIP 数据核字(2016)第 161056 号

中国电力出版社出版、发行

（北京市东城区北京站西街 19 号 100005 http://www.cepp.sgcc.com.cn）

北京天宇星印刷厂印刷

各地新华书店经售

*

2016 年 7 月第一版 2018 年 8 月北京第三次印刷

850 毫米×1168 毫米 32 开本 4.375 印张 80 千字

印数 3501—4500 册 定价 **36.00** 元

中国自动化学会发电自动化专业委员会

中自发电〔2015〕第10号

关于印发《火电厂热控系统电源可靠性配置与预控措施》的通知

各发电集团公司、电力研究院、设计院、发电公司(厂)：

为提高热控电源系统的可靠性，促进发电企业安全生产进步，中国自动化学会发电自动化专业委员会，委托神华国华(北京)电力研究院有限公司等单位，开展了热控电源系统可靠性的专题研究。在广泛调研、收集、分析、总结全国发电厂近年来热控系统电源故障发生的原因和热控电源设备运行、检修、维护、管理经验的基础上，制定了《火电厂热控系统电源可靠性配置与预控措施》。在广泛征求意见后，经技术委员会审核通过，现以指导性技术文件予以印发。

《火电厂热控系统电源可靠性配置与预控措施》并不覆盖热控系统全部技术措施，各单位可参照本配置与预控措施和已下发的相关技术措施，紧密结合本单位实际情况，制订具体的反事故技术措施，消除热控电源系统的缺陷和隐患，提高机组的安全经济运行水平。

中国自动化学会发电自动化专业委员会

2016年4月

前　言

控制系统是火电厂的神经系统，关系到火电厂安全和经济运行，随着机组向高参数、大容量发展，为控制系统提供动力的热控供电系统能否安全运行将直接影响控制系统的可靠性。近年来发电厂的运行实践，逐步暴露出现有热控电源的设计和设备不同程度存在着安全隐患，并引发了一些系统或设备故障甚至机组跳闸事件，影响着机组的安全经济性和电网的稳定运行。

为适应当前发电领域技术发展，进一步深化热控专业管理，完善热控系统电源配置，提高热控电源系统的可靠性和机组运行的经济性，中国自动化学会发电自动化专业委员会，委托神华国华(北京)电力研究院有限公司等单位组成项目组，启动了热控电源系统可靠性的专题研究。在广泛调研、收集、分析、试验、总结全国发电厂近年来热控系统电源故障发生的原因和热控电源设备运行、检修、维护、管理经验的基础上，经过三年的专题研究，制定了本措施，简称配置与预控措施。配置与预控措施制定过程中，邀请了国内制造、设计、调试和运行方面的专家进行了专题研讨，同时在一些电厂进行了实际应用检验。中国自动化学会发电自动化专业委员会于 2014 年 11 月 10 日组织了专题讨论，项目组经过完善后于 2014 年 12 月 28 日在北京通过审查，以指导性技术文件予以印发，供从事发电领域的研究院、设计院和电厂热控人员在进行专业设计、安装调试、检修维护、技术改进和监督管理工作时参考。

本措施不针对所有热控电源，而是就现有电源设计或产品中出现的问题提出具体解决方案。本措施涉及的相关技术还需要在工作实践中不断优化，请使用单位及时提出反馈意见，以不断完善本措施，为提高热控系统可靠性和机组运行稳定性而努力。

本措施由中国自动化学会发电自动化专业委员会提出。

本措施由中国自动化学会发电自动化专业委员会归口并负责解释。

本措施负责起草单位：神华国华（北京）电力研究院有限公司。

本措施参加起草单位：国网浙江省电力公司电力科学研究院、浙江浙能嘉兴发电有限公司、珠海中瑞电力科技有限公司。

本措施审查人员：金耀华、侯子良、尹淞、许继刚、杨新民、金丰、朱北恒、张晋宾、王利国、段南、沈丛奇、李劲柏、滕卫明、尹峰、陈世和、骆意、张伟康、华国均、郭为民、任志文、胡立国、唐海锋、张国斌、郑渭建、章禔、周力、何欣。

本措施编写人员：岳建华、曹武中、鲍丽娟、丁俊宏、范永胜、赵军、何志永、李生光、胡晓花。

中国自动化学会发电自动化专业委员会
2016 年 5 月

目　　录

火电厂热控系统电源可靠性配置与预控

1　范围

1.1　为进一步贯彻落实“坚持预防为主，落实安全措施，确保安全生产”的方针，深化管理，完善系统配置，降低热控系统电源引起的故障概率，提高热控系统可靠性和机组运行安全经济性，特制定本措施。

1.2　本措施给出了火电厂热控系统电源可靠性预防事故技术措施的指导性要求，适用于装机容量为125MW及以上机组的热控系统新建及改造过程中的电源设计、安装、调试及生产过程中的检修、维护、运行及监督管理工作。单机容量小于125MW机组的火电厂可参照执行。

1.3　本措施并不覆盖热控所有电源的具体细节，而是就现有电源设计或产品中出现的问题提出具体解决方案，电力建设和电力生产企业应根据本措施和已下发的相关反事故技术措施，紧密结合机组的实际情况，制订适合本单位的具体技术措施，并认真执行。

2　热控电源分类

2.1　本措施将热控电源分为以下七类。

a）热控110/220V直流控制电源：一般设计两路110VDC或220VDC电源，用于热控保护、连锁和重要控制回路的电磁阀电源。

b）热控交流220V控制系统电源：一路应采用交流不间断

电源（UPS），另一路应采用交流不间断电源或厂用保安段电源，主要用于 DCS、DEH、FSSS、ETS 等系统电子设备电源和重要的电磁阀电源。

c）DCS/DEH 内部的直流 24/48V 控制电源：用于控制系统的内部供电，由交流 220V 电压转换为 24V 或 48V 直流电源，为控制系统内部电子模件供电。

d）热控独立装置交流 220V 电源：用于就地重要独立装置的电源，一般从厂用 UPS 电源取得，主要用于锅炉火检、汽轮机监测仪表等；独立装置的 24V 电源由装置内部的交流电源经过交流/直流电源模块获得。

e）热控交流 220V 仪表电源：用于就地仪表的电源，一般从保安电源取得，重要的从 UPS 电源取得，主要用于汽轮机转速表、汽轮机危机保安器动作检测装置、锅炉炉膛火焰检测摄像机等。

f）热控交流 380/220V 执行机构电源：用于对热控就地执行机构供电，一般从保安电源取得。

g）给煤机、给粉机交流控制电源：用于给煤机、给粉机的供电，一般从保安电源取得。

2.2　外围热控系统由就近可靠的交流电源提供，必要时增加 UPS 电源。

3　热控系统电源可靠性配置

3.1　热控 110/220V 直流控制电源系统配置方案

要实现热控两路直流电源无扰切换，同时保证机组直流系统的可靠性，按以下方案实施。

3.1.1　热控直流控制电源采用单路隔离带旁路的配置

在役机组直流供电采用图 1 配置供电方案进行改造。

a）原两路直流电源在二极管耦合的基础上，增加一路专用的直流电源隔离装置，隔离装置主要部件是专用 DC/DC 模块、附加必要的监视控制功能，如图 1(a) 所示。

图 1(a) DC/DC 模块是实现直流电隔离作用的，电源监视、故障检测、失电报警是直流电源切换装置内的控制功能，二极管是为实现直流无扰切换而设计的，图 1(a) 右侧方块中的二极管是原热控直流电源已有的。

b) 原直流电源无二极管耦合方式，采用增加一路专用的直流电源隔离装置，如图 1(b) 所示。

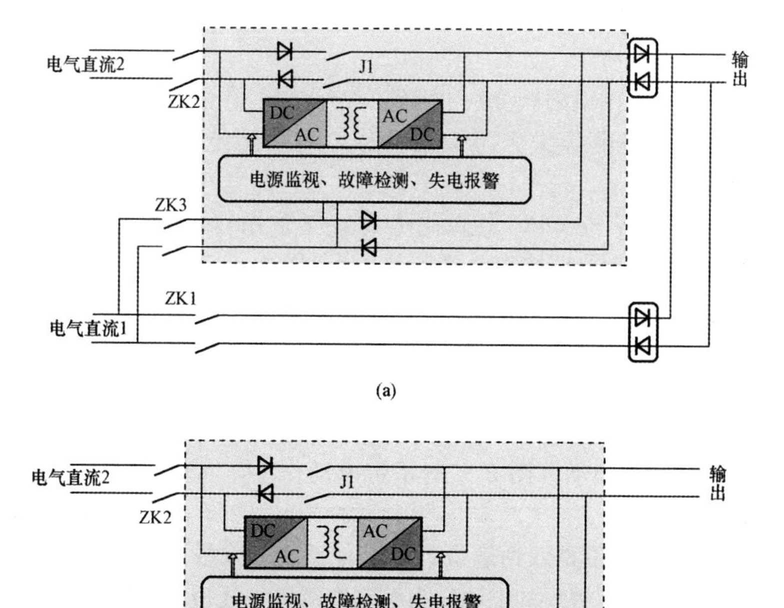

图 1　热控直流 110/220V 控制电源切换方案

(a) 热控直流 110/220V 控制电源切换方案(保留原二极管)；

(b) 热控直流 110/220V 控制电源切换方案

此方案是利用直流电源隔离装置内部的隔离二极管，不用外置二极管，降低了造价和减少了电源柜占用的空间。

3.1.2 热控控制电源全部采用交流供电方案

新建工程热控系统宜全部采用交流供电，以简化热控电源系统，热控全部采用交流供电后，主要控制回路宜按下述配置：

a）锅炉主燃料跳闸（MFT）继电器回路，应采用双通道交流控制电源实现，如图 2 所示。

b）汽轮机跳闸电磁阀电源，采用双通道交流控制电源实现，如图 3 所示。

四个跳闸电磁阀分别由两路交流供电，在油路和电路的配合下，一路电源失去不会误动作，当两路电源失去将自动跳闸。

c）汽轮机 OPC 电磁阀电源，应采用双通道交流 220/110V 或直流 24V 控制电源实现，参见图 4。

d）双通道方案的跳闸回路设计：采用双通道设计后，如果执行部件（如开关、电磁阀等）是一个跳闸通道（如跳闸线圈）时，则双通道出口继电器与设备跳闸回路应采用两个通道相“与”后再相“或”到设备的跳闸回路，实现了既防止误动又防拒动（图 5 左侧是带电动作型，右侧是失电动作型）。

e）如果不是双通道设计的其他系统，除根据重要程度选用交流切换装置后的电源作为控制电源外，还应保证交流电源切换装置的切换时间满足快速电磁阀（如抽气逆止门、给水泵汽轮机、汽轮机—锅炉各种电磁阀等）的切换要求。

3.2 热控交流 220V 控制电源系统配置方案

3.2.1 热控交流 220V 控制电源主要应用在机组 DCS、DEH、FSSS、ETS 等系统，这些系统的控制板卡的电源应采用双或多路 AC/DC 电源模块在直流侧经二极管耦合的冗余供电方式。

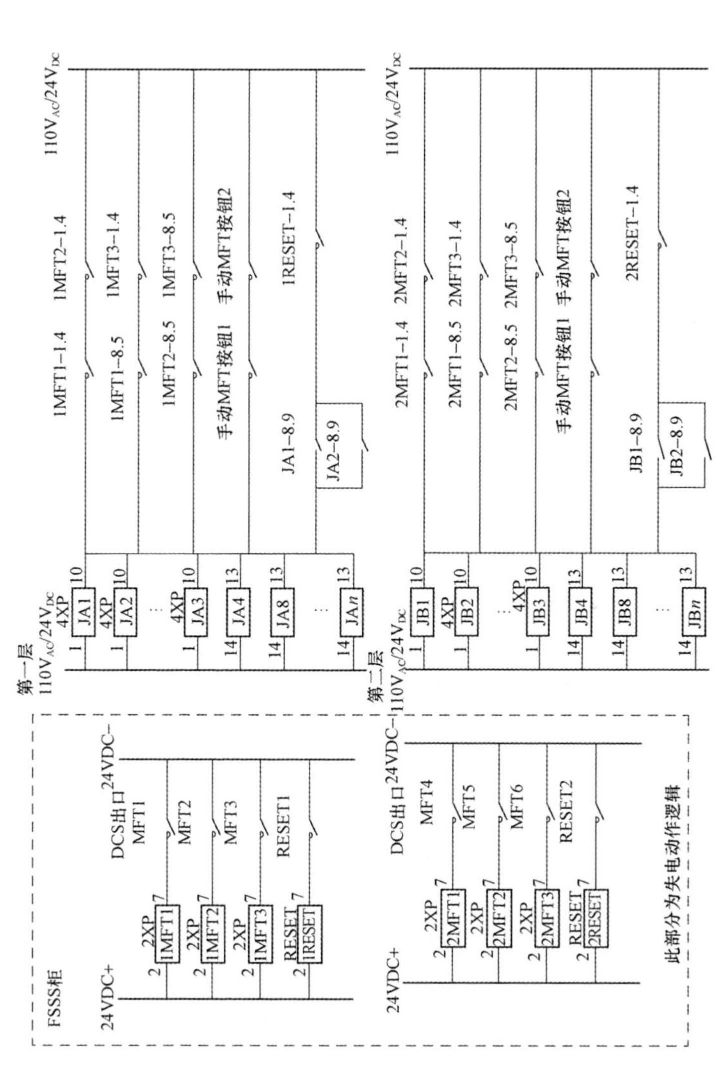

图 2 锅炉 MFT 采用双通道交流供电的方案

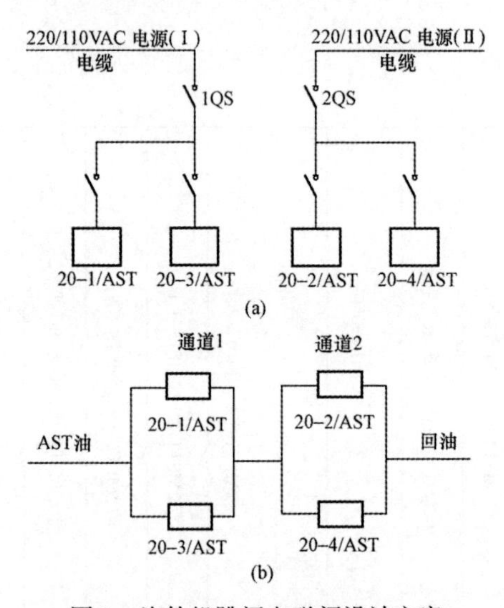

图 3　汽轮机跳闸电磁阀设计方案

（a）采用双通道配电方案；（b）采用双通道油路设计方案

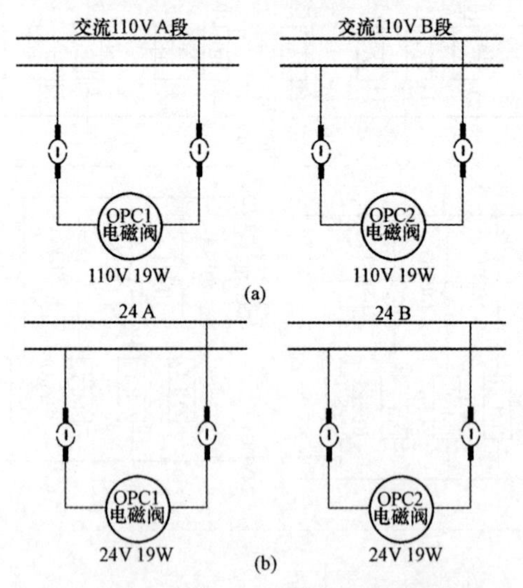

图 4　汽轮机 OPC 电磁阀采用双通道方案

（a）110VAC；（b）24V

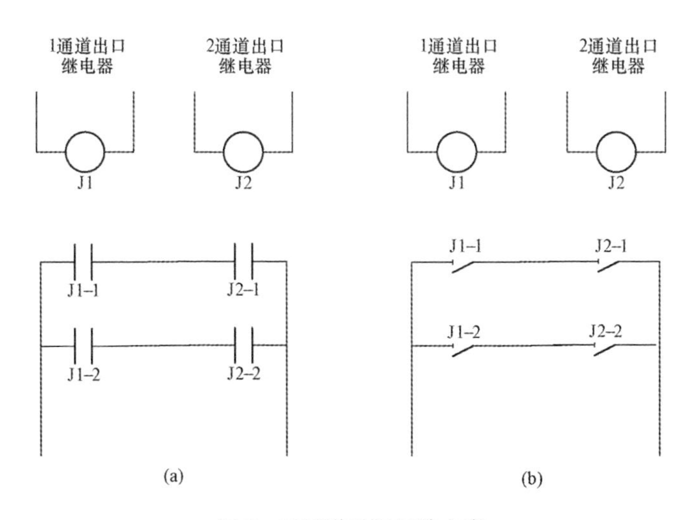

图 5　双通道跳闸回路方案
（a）跳闸回路；（b）跳闸回路

3.2.2　在新建或改造机组设计中，网络设备、工作站等宜采用双交流/直流电源模块供电；对不能实现双电源模块供电的，宜采用一路电源驱动一段网络设备、工作站等设备，另一路电源驱动另一段网络设备、工作站等设备，以提高这些设备的安全运行水平。

3.2.3　DCS、DEH、FSSS、ETS 等系统内的 24/48V 直流电源应采用交流 220V 电源模块转换为直流的方式，采用两个或多个电源模块并在输出采用二极管进行耦合，但不应将非重要设备电源（如操作面板、指示灯、风扇等）接入 24/48V 耦合后的部位。

3.3　热控直流 24/48V 电源配置

3.3.1　DCS/DEH 等内部的直流 24V/48V 控制电源，用于控制系统的内部模件供电，由交流 220V 电压转换为 24V 或 48V 直流电源对内部电子模件供电。

3.3.2　采用集中式 24V 电源供电的系统，应多个 24V 电源并联供电，并保证各电源模块均衡供电，当其部分电源模块故障时不影响其他电源工作，并具备带电更换电源模块的能力，有条件时电源系统具有电源输出电流动态监视能力。

3.4　热控独立装置交流220V电源配置

3.4.1　重要独立装置电源，如锅炉火检装置、汽轮机TSI装置等，这些装置内部的48/24V电源应采用双电源模块冗余供电，其中一路应由交流UPS供电，另一路宜由UPS供电或保安电源供电。

3.4.2　非重要独立装置电源，如发电机氢气纯度仪、锅炉烟道酸露点仪等，应根据具体要求取机组保安电源或就近可靠的电源供电。

3.5　交流220V仪表电源系统配置

3.5.1　重要仪表应采用机组UPS供电，如汽轮机超速测控单元、汽轮机转速表（在汽轮机就地安装）、汽轮机危急保安器动作检测装置、锅炉炉膛火焰监测摄像机等，其他仪表应采用机组保安电源或就近可靠的交流电源供电。

3.5.2　CEMS仪表采用独立的UPS电源供电，其中大功率用电设备如动力风机或大功率伴热电源根据负载功率情况采用UPS供电或附近可靠的其他电源供电。

3.6　交流380/220V执行机构电源配置

3.6.1　为满足闭环控制系统快速动作的要求，就地执行机构应保证控制系统下达指令后执行机构能够快速动作，直接影响机组安全的执行机构应保证厂用电源切换过程中不重启或不影响控制。

3.6.2　重要回路的执行机构电源，应采用切换时间小于50ms三极ATS（机械快速切换开关）或三极STS型静态切换开关装置。

3.7　给煤机、给粉机交流380V电源配置

3.7.1　给煤机、给粉机供电系统应采用两段交流380V供电，两段电源取之机组保安电源，为防止电力系统故障造成给煤机或给粉机全部停运（低电压穿越），在给煤机或给粉机段各安装一台或多台三相 UPS 电源，UPS 电源容量为两台给煤机或给粉机功率的 2 倍～3 倍。每台 UPS 电源各带两台给煤机或给粉机，四角燃烧器宜按以下方案实施，其他燃烧器（如对冲和褐煤锅炉）应根据燃烧器布置方式和燃煤特性进行分配，如图 6 和图 7 所示。

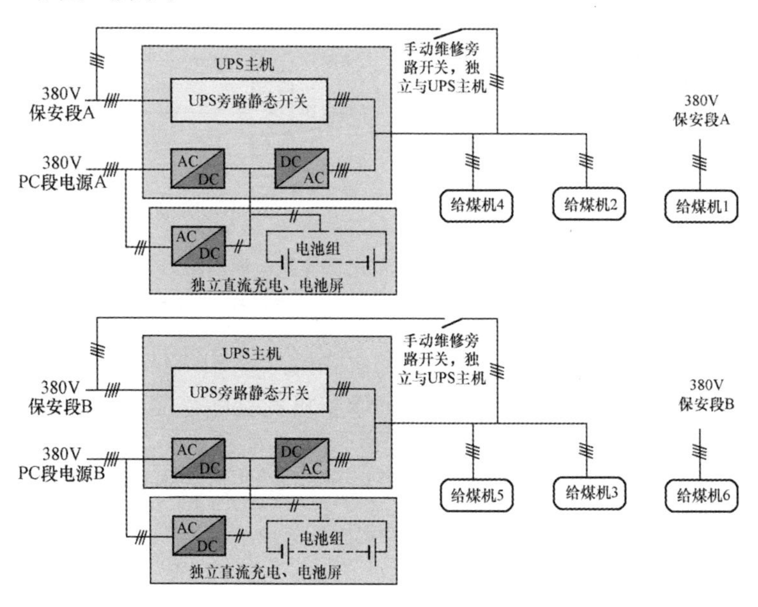

图 6　防止给煤机低电压穿越电源回路

图 7 中最上和最下一台给煤机，分别由对应磨煤机同通道的保安电源供给（给煤机电源），中间四台给煤机应分别由两台三相 UPS 供电、每台 UPS 电源宜带两台给煤机，UPS 所带给煤机分配方式应根据锅炉燃烧器配置和燃料特性决定，以保证锅炉任意两台给煤机停运时不会造成锅炉灭火停炉；如果两台给煤机停运不能保证锅炉安全运行，应根据需要增加 UPS

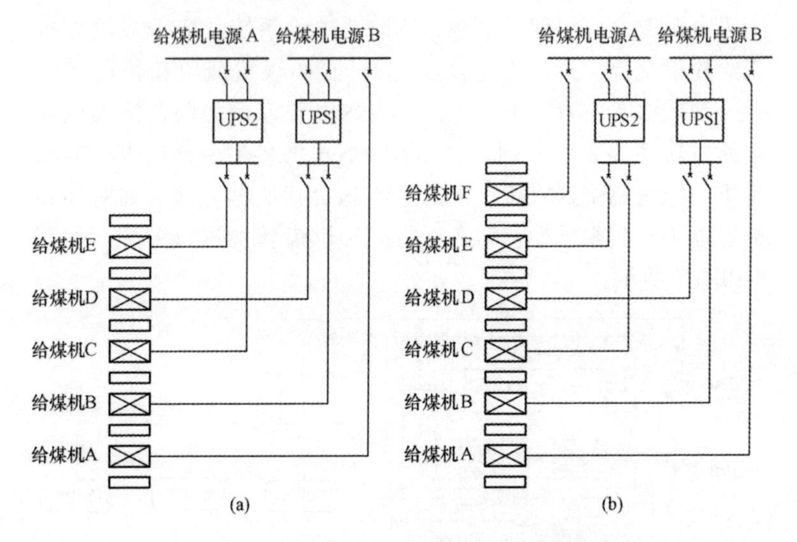

图 7　防止给煤机低电压穿越电源回路

（a）5 台磨煤机电源分配；（b）6 台磨煤机电源分配

电源的数量。

3.7.2　中间储仓式锅炉应根据给粉机的实际分配关系、通过试验确定每台 UPS 电源的配置方案。

3.7.3　循环流化床锅炉应根据给煤机数量和燃料特性合理进行电源配置。

4　热控电源事故预控

a）分散控制系统正常运行时，必须有可靠的两路独立的供电电源。采用交流供电方式时，当采用一路 UPS、一路保安电源供电时，如保安电源电压波动较大，应增加稳压器以稳定电源电压。

b）UPS 供电主要技术指标应满足 DL/T 774—2015《火力发电厂热控自动化系统检修运行维护规程》的要求，并具有防雷击、过电流、过电压、输入浪涌保护功能和故障切换报警显示，且各电源电压宜进入故障录波装置和相邻机组的DCS系统以供监视；UPS的二次侧不经核算审批不得随意接入新的负载。

c）UPS电源装置应安装在电气配电室内，UPS的蓄电池应定期进行充放电试验。独立于DCS的安全系统的电源切换功能，以及要求切换速度快的备用电源切换功能不应纳入DCS，而应采用硬接线逻辑回路。

d）重要的热控系统采用双路供电的回路，应取消人工切换开关；所有的热控电源（包括机柜内检修电源）必须专用，不得用于其他用途。严禁非控制系统用电设备（如呼叫系统、伴热电源）连接至控制系统的电源上。

e）所有装置和系统的内部电源切换（转换）可靠，任一接线松动不会导致电源异常而影响装置和系统的正常运行。

f）电源端子之间应有隔离端子或隔离板，防止电源短路，直流电源开关、端子与交流电源、端子采用明显的标记区分。

g）当采用$N+1$电源配置时，应定期检查确认各电源装置的输出电流均衡，防止因电源装置负荷不均衡造成个别电源装置负荷重而降低系统可靠性。

h）应将热控系统交、直流柜和DCS电源的切换试验数据，电源熔断器容量和型号与已核准发布的清册的一致性、数字输入（DI）通道熔断器的完好性、电源上下级熔丝或空气开关容量配比的合理性、电源回路间公用线的连通性、所有接线螺栓的紧固性、动力电缆的温度和各级电源电压测量值的正确性进行检查和确认，并建立专用检查、试验记录档案。

i）冗余电源的任一路电源单独运行时，应保证设计裕量满足要求；公用DCS系统电源，应分别取自两台机组，在正常运行中保证无扰切换。

j）所有控制电源的入口，应加装防浪涌保护部件。

k）保护电源采用厂用直流电源时，应有防止查找系统接地故障时造成保护误动的措施。

l）发电厂应制订不同电源中断后恢复的应急预案，部分电源中断后，恢复过程应在密切监视机组参数下逐步进行。

m）分散控制系统在第一次上电前，应对两路冗余电源电压进行检查，保证电压在允许范围内。电源为浮空的（不建议浮空），还应检查两路电源零线与零线、火线与火线间的电压不能过高，否则在电源切换过程中易对网络交换设备、控制器等造成损坏。

n）机组C级及以上的检修时应对DCS系统电源模块的输出电压、电流值进行测量记录存档，通过电压、电流值的变化判断电源模块性能，对出现老化情况的电源模块及时进行更换。

o）用于重要保护连锁的同类信号，如用于锅炉再热器保护MFT条件的左侧和右侧主汽门全关反馈信号，其供电回路不得共用同一熔丝或空气开关。

p）机组C级检修时应进行UPS电源切换试验，机组A级检修时应进行全部电源系统切换试验，并通过录波器记录，确认工作电源及备用电源的切换时间和直流供电维持时间满足要求。

q）热控专用的小型UPS电源每次C级及以上的检修要进行放电试验，以验证有效容量，容量达不到原有70％时，应更换电池。

r）所有电源装置均设有失电报警功能，报警信号应送到与此电源独立的其他系统中。

s）定期对电源柜和电源模件进行红外成像检测，及时发现潜在的隐患并消除。

t）方案与预控措施的执行要结合机组检修机会有序进行，改造完成后应做好试验验证，保障系统的正确性。

条 文 说 明

控制系统是火电厂的神经系统，关系到火电厂安全和经济运行；为控制系统提供能源的热控供电系统能否安全运行将直接影响控制系统的性能；近年来的工程实践逐步暴露出以往的设计或产品缺陷，并引发了一些系统或设备故障，同时行业规程对热控电源也提出了新的要求，但是未给出具体的解决方案。为提高热控电源可靠性，解决工程中的实际问题，受中国自动化学会发电自动化专业委员会的委托，成立了火电厂热控系统电源可靠性配置与预控措施课题组，课题组成员通过系统研究和广泛调研，编写了《火电厂热控系统电源可靠性配置与预控措施》，目的是最大限度地提高热控电源的可靠性，保证火电厂安全经济运行。

1 范围

1.1～1.3 对配置与预控措施编制原则和适用范围进行了说明，并要求**电力建设和电力生产企业应根据本技术措施和已下发的相关反事故技术措施，紧密结合机组的实际情况，制订适合本单位的具体技术措施，并认真执行**。这样，针对性强、细化的措施才能够有效地落实到实际工程中去，解决工程问题。

2 热控电源按应用分类

火电厂热控电源系统按照不同的视角有不同的分类，主要有：

2.1 热工电源按电压等级分类

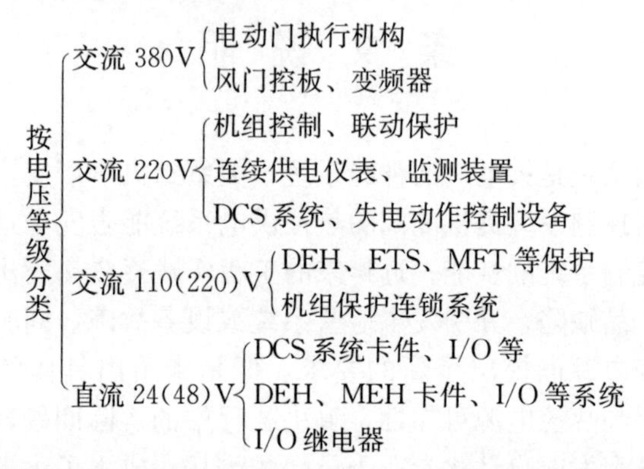

本措施对热控电源进行的分类，主要是按直流电源、交流电源分类，交流电源按应用区域和重要程度进行了分类，目的是便于现场专业人员领会掌握。

本措施特意将给煤机和给粉机电源单独列出，主要是近年来，电网发生低电压穿越时造成网内正常运行的机组跳闸、对电网构成较大的危害而提出新的要求，本措施给出的方案相对是可靠和经济的，但并不限于可靠性更高、投资更低的方案实施。

2.2 按电源性质分类

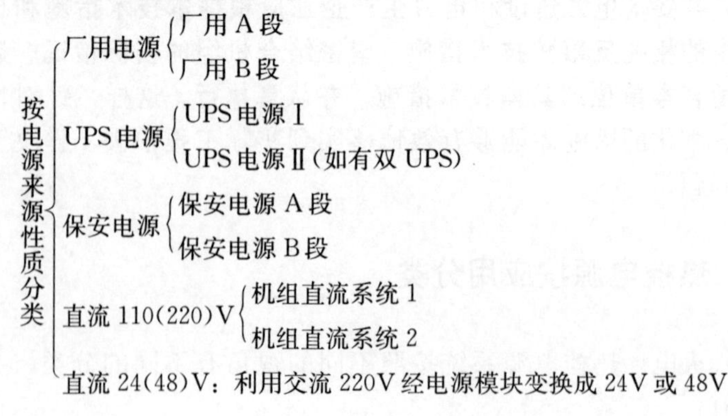

本措施所指的外围热控系统是火电厂辅助车间(如燃料、锅炉补给水、废水处理等)的热控控制系统，由于这些控制系统故障对主机的安全和经济运行影响较小，故只给出了原则性的要求，即**外围热控系统由就近可靠的交流电源提供，必要时增加UPS电源**。

2.3 按重要程度分类

按电源重要性质分类：

- 重要负荷
  - 直流电源负荷(110V、220V)：保护连锁、直流继电器等
  - 交流不间断电源(220V)：DCS、DEH、ETS等
  - 交流保安电源负荷(全厂停电时需短时间内连续供电)：真空破坏门、抽气阀等
- 次要负荷：辅助排污、辅助车间控制系统等
- 一般负荷：运行中无需连续使用的仪表、检修电源等

3 热控系统电源可靠性配置

3.1 热控110/220V直流控制电源系统配置方案

3.1.1 火电厂直流电源系统构成

火电厂直流电源系统高可靠性主要是配置了大容量的蓄电池组，其系统具有智能化电池管理、母线及分支绝缘监测功能，它是电厂最可靠的电源，能够保证在电厂无交流电输入时继续可靠的供电，保证重要设备的控制和运行。

图8是电厂典型直流电源系统图，由两组蓄电池组、两段母线、两段直流母线的绝缘监察装置和相应的开关和负荷构成。

设计规范要求热控直流电源分别取之电厂不同蓄电池组成的直流系统的两路电源，热控直流电源切换由于设计年代和设计单位不同，有以下几种形式。

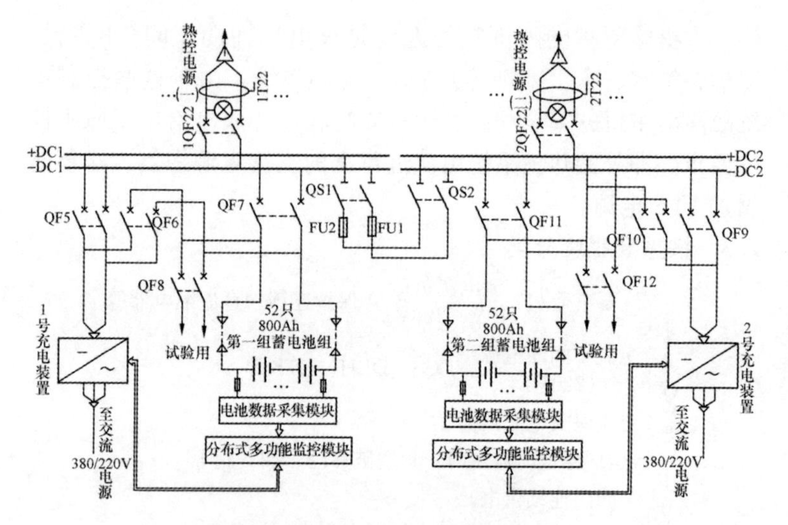

图 8　火电厂典型直流电源系统

（1）热控直流电源采用手动切换方案。

调研现有的工程，热控直流电源采用手动实现两路电源切换的，如图 9 所示。此种方案认为电厂直流电源非常可靠，故障的概率很小，采用双电源手动切换，用单路电源供电即可，在热控电源柜处正常合一路电源开关，另一路电源开关断开，采用该方案的主要是 2000 年前设计的电厂。

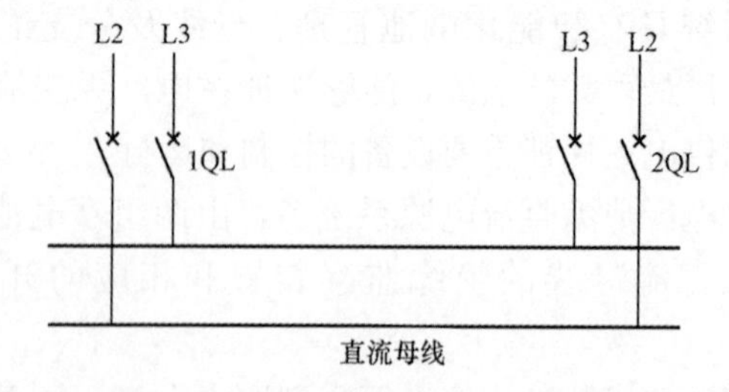

图 9　火电厂直流电源手动切换原理

这种系统正常一路直流电源对负载供电，一路备用，当需要更换为另一路时，由运行或热控人员手动进行切换。存在的问题是运行中的一路直流电源故障不能自动切换到另一路电源，当电气直流母线切换未注意热控供电方式时容易造成热控直流电源瞬时中断、机组跳闸事故。

（2）热控直流电源采用继电器构成的切换方案。

此种方案采用直流继电器（或接触器）对两路直流电源进行切换，当一路直流电源故障自动切换到另一路电源，切换原理见图 10。此方案存在的问题是继电器在切换过程负载有 50ms 以上失电过程，故重要的电子模件、逻辑回路和快速跳闸回路不能使用。

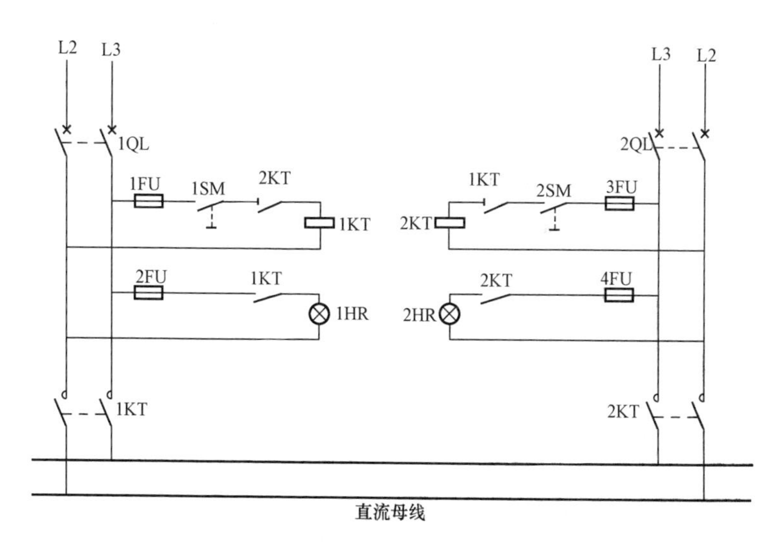

图 10　火电厂直流电源继电器切换原理

（3）热控直流采用电源一路直流、一路交流整流供电的方案。

此方案采用一路直流电源和一路交流电源，经过整流和稳压处理后供热控直流电源，如图 11 所示，由于 AC/DC 装置内有变压器隔离，故两个电源之间不会构成电的通路。存在的问题是采用交流整流供电降低了热控直流电源的可靠性。

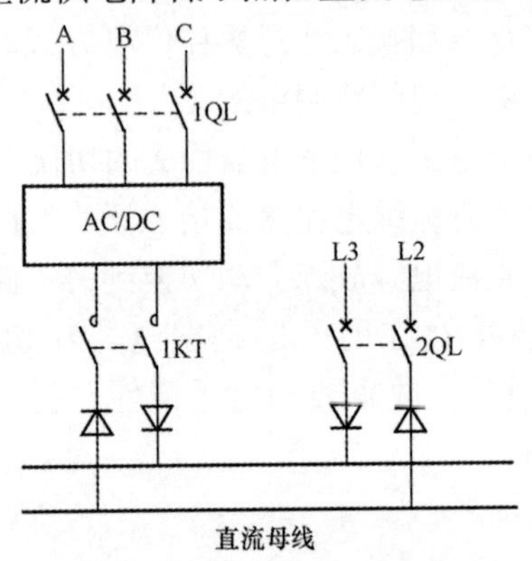

图 11　一路交流整流和一路直流供电的切换原理

（4）热控两路直流电源分别供两套冗余控制回路的方案。

两路直流电源分别给两个控制回路（双通道）供电，每路电源分别带各通道的控制回路，两个通道之间没有电的连接，不会造成直流电源并联运行，如图 12 所示。

（5）热控保护回路 4 个跳闸电磁阀分组供电。

将汽轮机四个跳闸电磁阀改为两组分别供电，如图 13 和图 14 所示，其中一路电源供 1、3 电磁阀，另一电源供 2、4 电磁阀，任何一路电源失去都不会造成机组跳机。因为并不是所有回路都具备改为 4 个电磁阀的条件，所以此方案应用受到限制，同时投资也高。

（6）热控直流电源采用二极管耦合方案。

该方案是采用大功率二极管将两路直流电源进行耦合（并联运行），优点是实现了直流电源的无扰切换，缺点是不能做到两路直流电源电的隔离，如图 15 所示。热控侧采用二极管把电气完全独立的两套直流电源系统并联起来，给全厂直流系统造成极大安全隐患。

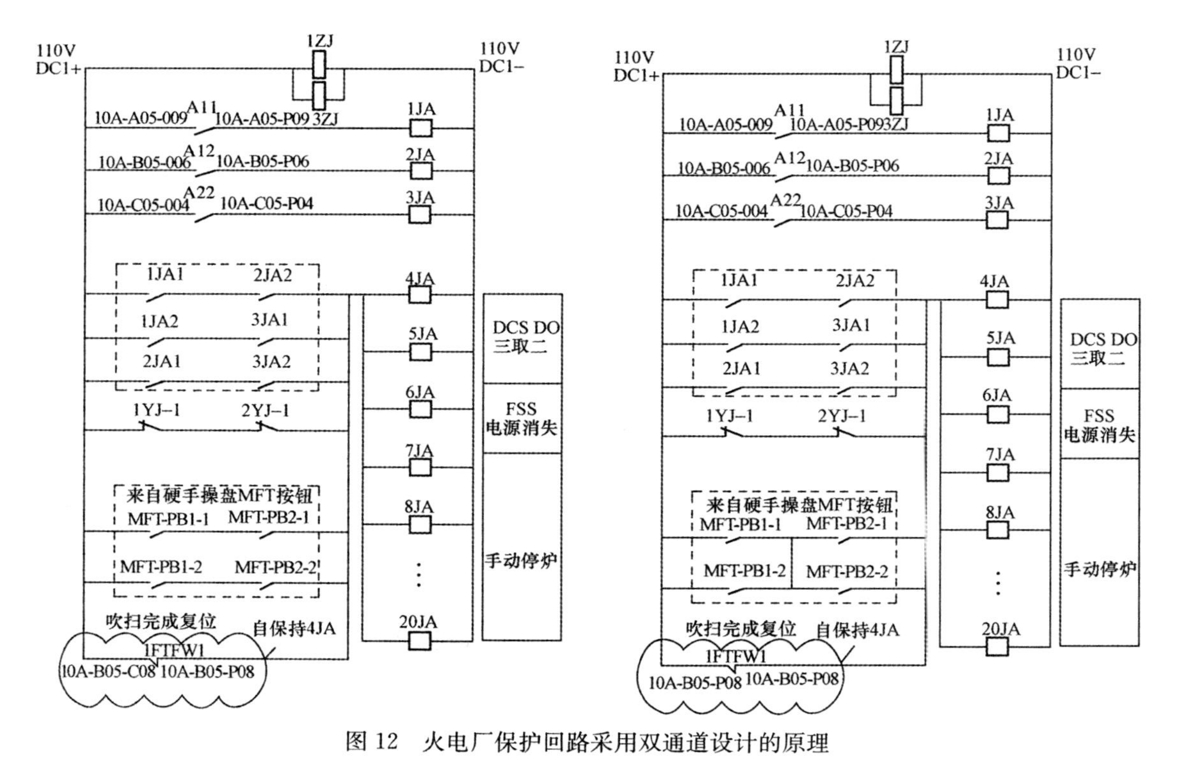

图 12 火电厂保护回路采用双通道设计的原理

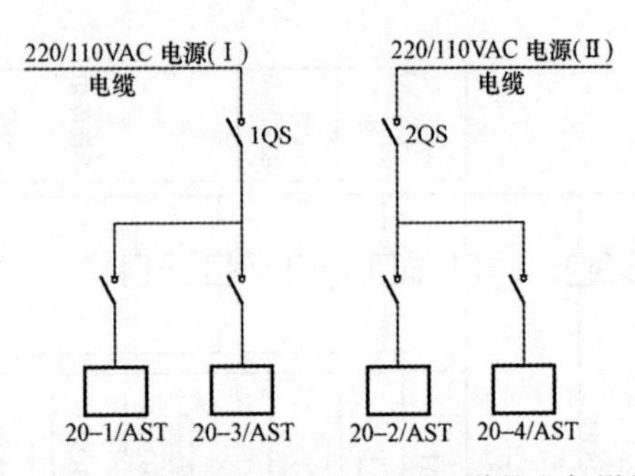

图 13　火电厂汽轮机紧急跳闸的双通道的电气设计原理

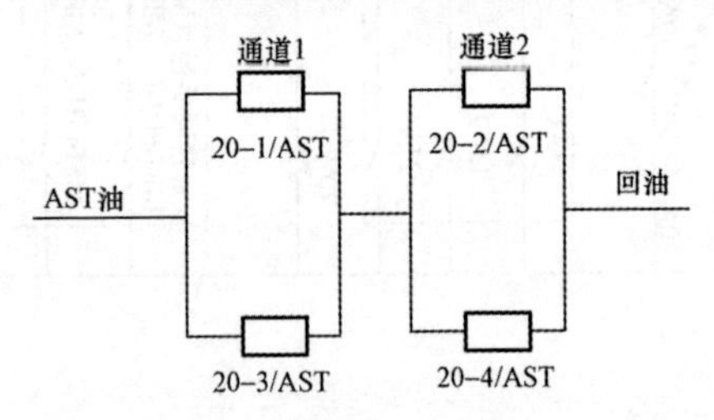

图 14　火电厂汽轮机紧急跳闸的双通道设计的油路原理

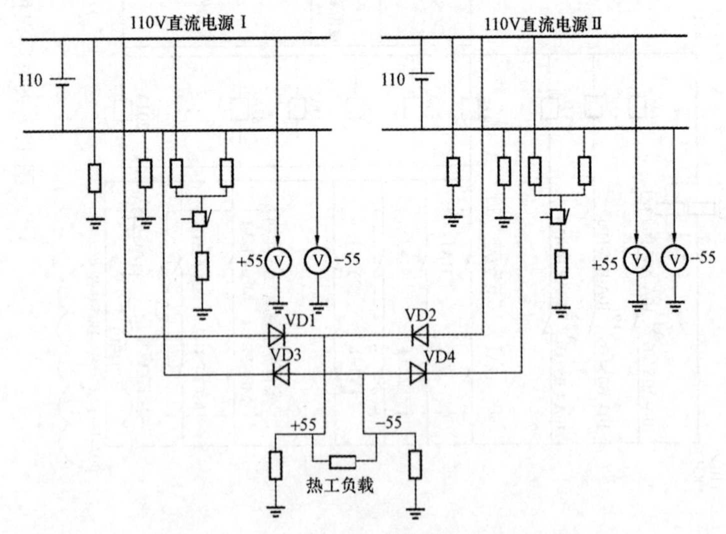

图 15　火电厂直流系统热控侧并联后原理

3.1.2 火电厂直流电源系统绝缘监察装置原理

典型的火电厂直流电源系统绝缘监察装置工作原理如图 16 所示（图中是 110V 系统，220V 直流系统类同），热控控制电源一般配备两套直流电源系统，正常运行两套直流电源系统没有互连、独立运行。

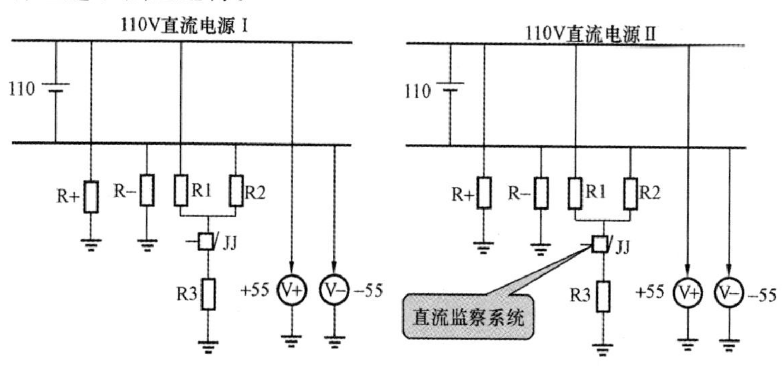

图 16　火电厂直流系统原理

图 16 中 R＋是每段正母线对地绝缘电阻（所有负载对地等效电阻），R－是负母线对地绝缘电阻，R1、R2 是直流绝缘监察装置配备的均衡电阻且 R1＝R2，R3 是绝缘监察继电器的匹配电阻。直流系统正常运行时，由于 R＋和 R－阻值很高（是 R1 或 R2 的 10 倍以上），且由于 R1＝R2，故直流母线对地电压对称，分别为＋55V和－55V。当 R＋或 R－电阻降低时，将造成直流母线对地阻抗不同，这样正、负直流母线对地电压将不对称，严重时如直流系统直接接地时接地极对地电压为“0”V、非接地极对地电压为＋110 或－110V，直流绝缘监察装置就是根据直流两级对地电压不平衡进行测量的。

3.1.3 热控直流电源系统采用二极管耦合方案存在的问题

以上对 6 种直流电源切换方案进行了说明，其中第 1 到第 5 种比较简单和容易理解，下面对第 6 种方案存在问题说明如下：

采用二极管耦合两段直流系统发生异极接地。

当热控采用二极管耦合将两路直流电源并联运行时，见图17。图17左侧（110V直流电压Ⅰ，下同）直流母线负接地，图17右侧（110V直流电压Ⅱ，下同）直流母线正接地，两段直流系统由于热控二极管耦合在热控负载上的电压变化如下：

图17左侧直流负极接地，接地极对地电压为“0”、由于蓄电池的两段电压固定，故左侧正母线电压由正常的＋55V（对地）上升到＋110V（对地），左上部耦合（D1）二极管导通，负载正极电压也从＋55V（对地）上升到＋110V（对地）；

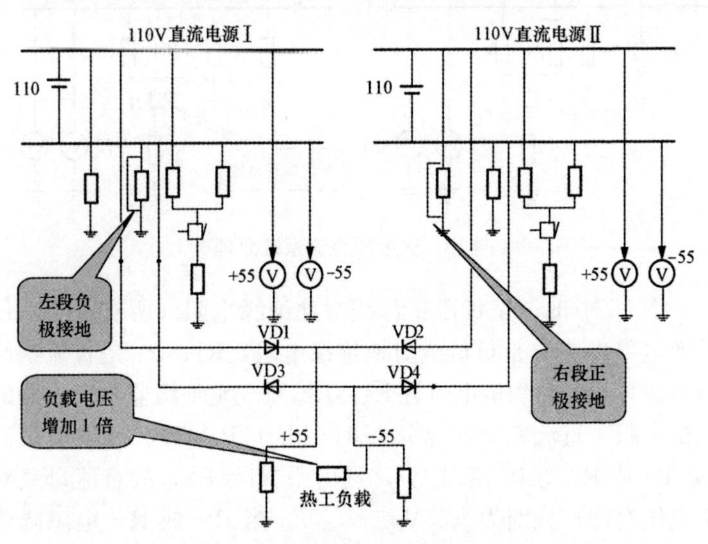

图17 火电厂直流系统热控侧采用二极管并联后两组母线不同极接地原理

图17右侧直流正极接地，接地极对地电压为“0”、由于蓄电池的两段电压固定，故右侧负母线电压由正常的－55V（对地）上升（绝对值，下同）到－110V（对地），右下部耦合二极管（D4）导通，负载负极电压也从－55V（对地）上升（绝对值）到－110V（对地）。

负载正极电压从＋55V（对地）上升到＋110V（对地），负载负极电压从－55V（对地）上升到－110V（对地），负载两段电压变成220V，是原来110V电压的两倍，长期工作将造成负载设备烧损。

【案例1】

2014年某天夜里，某300MW机组MFT保护动作、机组跳闸。事发后运行和热控人员检查发现MFT四个直流跳闸继电器线圈（220V）全部烧毁，继电器失磁、保护动作。通过直流系统监测装置记录和监视信息发现有三次220V电源系统显示有460V的电压，且电气两套直流系统均有直流接地异常报警，并且是第一套直流正极接地、第二套直流负极接地。220V直流系统出现460V电压将额定电压为220V的继电器线圈烧损，造成机组停机事件。

热控采用二极管耦合将两路直流电源并联，当右侧直流系统接地后，左侧直流系统也发出接地信号的原因分析如下，如图18所示。

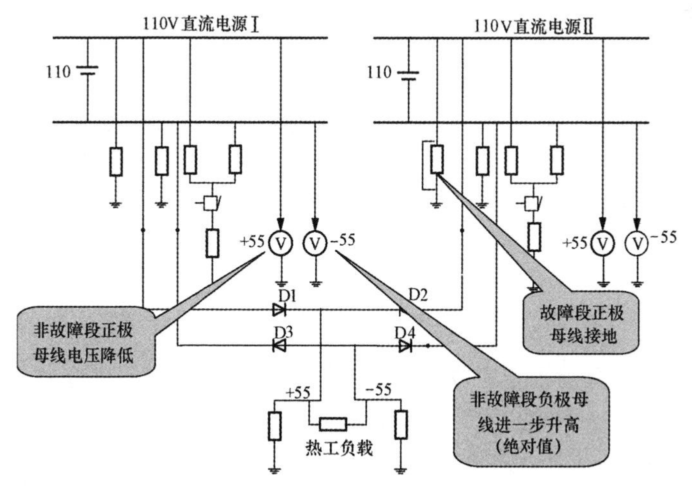

图18 火电厂直流系统热控侧采用二极管并联后相互影响原理

从图 18 看出，当热控电源采用二极管耦合将两路直流并联运行时，右侧直流母线正接地（绝缘降到零），两段直流系统由于热控二极管耦合的作用，直流母线和负载电压变化如下：

右侧直流系统正极接地，接地极对地电压为“0”，由于蓄电池的两段电压固定，故右侧负母线电压由正常的－55V（对地）上升到－110V（对地），右侧负母线对地电位最低，故右下部耦合二极管（D4）导通，负载电位也从－55V（对地）上升（绝对值）到－109V（扣除二极管压降 1V）；由于右侧正母线对地电位为零、相对左侧正母线（＋55V）对地电位低，故左上部耦合二极管（D1）导通，造成左侧正母线对地电位由＋55V降低，极限到对地电位为“0”，这样左侧直流系统对地电压发生很大的变化，左侧绝缘监察装置发出接地报警信号。这种工况由于两套直流系统对地阻抗不同，负载上的电压有不同情况的变化（高于正常电压）。

【案例 2】

2013 年某日，下雨，某 600MW 3 号机组 110V Ⅰ、Ⅱ段直流母线发生间隙接地（直流接地信号间断发出），两段直流绝缘监察装置均发出了直流接地信号，电气、热控人员采用分别停送电方法对一般负荷进行停电查找，均未找到，后电气和热控人员分别到汽轮机和锅炉的重要直流电源用户查找，在锅炉燃油速断阀处发现厂房漏雨掉在电磁阀接线盒内，后将 MFT 柜内的电缆断开、接地消失，整个查找过程共经历了 4 个多小时。

此案例就是当某一段直流接地、造成两段直流均发出接地报警，给直流系统查找增加了很大的难度，本次事件查找了 4 个多小时，对机组安全构成威胁。

3.1.4 相关规程解读

涉及火电厂电源系统的相关规程如下：

（a）电力工程直流系统设计技术规程。

《电力工程直流系统设计技术规程》DL/T 5044—2004 对热控直流电源具体规定如下：

4.6.4 直流分电柜的接线规定：

3 2 组蓄电池的直流系统

1）对于具有双重化控制和保护回路要求双电源供电的负荷，分电柜应采用 2 段母线，2 回直流电源应来自不同的蓄电池组，并应防止 2 组蓄电池并联运行。

2）对于不具有双重化控制和保护回路的供电负荷，2 回直流电源可来自同一组蓄电池，也可来自不同蓄电池组，并应防止 2 组蓄电池并联运行。

（b）火电厂热控电源和气源系统设计技术规程。

《火电厂热控电源和气源系统设计技术规程》DL/T 5455—2012 对热控直流电源具体规定如下：

3.5.1 直流电源系统的供电应符合下列要求：

两路电源应有防止并列运行的措施，对来自不同蓄电池组的两路直流电源应具有隔离措施。

（c）火电厂热控保护系统设计规定。

《火电厂热控保护系统设计规定》DL/T 5428—2009 对热控电源规定如下：

5.1.2 所有保护装置应有两路交流 220V 供电电源，其中一路应为交流不间断电源（UPS），另一路引自厂用事故保安电源或厂用低压母线；当设置有冗余 UPS 电源系统时，也可两路均采用 UPS 电源，但两路进线应分别接在不同供电母线上，也可采用两路直流 220V（或 110V）供电电源，直接取自蓄电池直流盘。两路电源互为备用，且能自动切换，切换时间间隔应不影响保护系统的正常功能。

（d）三个规程解释。

电力工程直流系统设计技术规程、火电厂热控电源和气源系统设计技术规程均对热控用直流电源的应用提出了具体要求，即不允许在直流负荷侧将两路直流电源并列运行，但没有给出解决问题的具体方案，需要在操作层面研究具体的实施方案。

火电厂热控保护系统设计规定热控保护电源可以为交流或直流，但应取可靠的两路电源和采用可靠的切换装置。

以上规程一是规定不允许在直流电源的负荷侧将来自两组蓄电池的直流电源并联运行（二极管耦合），二是热控控制电源采用可靠的电源，即可交流也可直流电源供电。

以上分析和相关规程均不允许热控采用二极管将直流电源并联运行，为此现采用二极管并联或其他不满足直流供电的切换装置均需要进行改造，这就是 3.1 方案的来源。具体规定如下：

图 19 和图 20 的直流电源隔离装置原理是由直流逆变为交流、通过高频变压器隔离后再整理成直流，整个逆变控制由内置的核心控制器进行控制。直流电源隔离装置工作原理如图 21 所示。

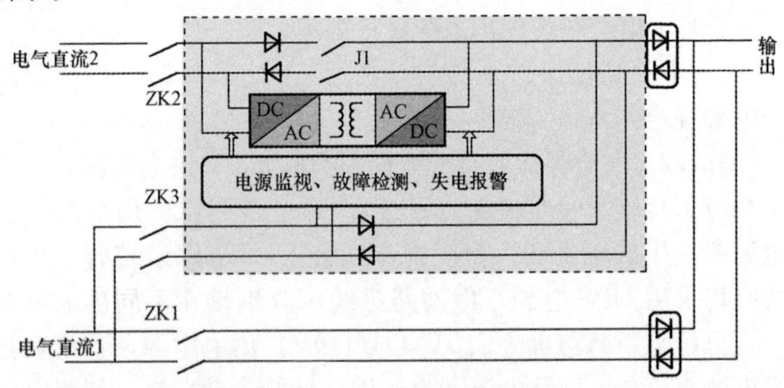

图 19　热控直流 110/220V 控制电源切换方案（保留原二极管）

图 21 中起到隔离作用的是高频变压器，它实现电源初级和电源次级的完全电隔离，次级发生接地不影响初级。

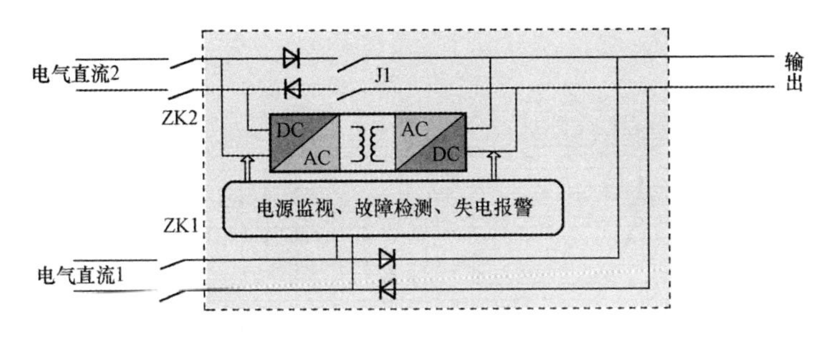

图 20　热控直流 110/220V 控制电源切换方案

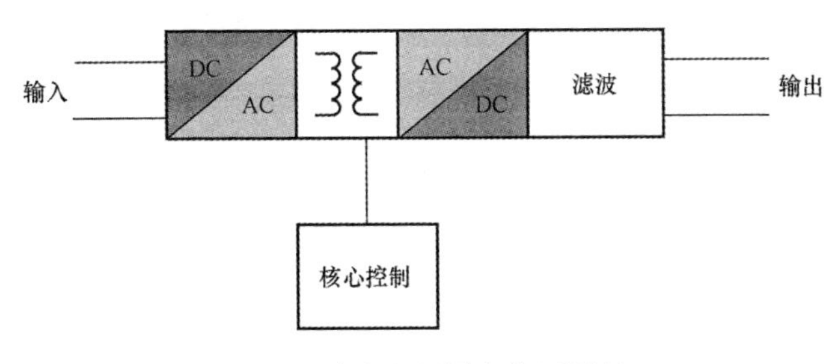

图 21　直流电源隔离装置原理

图 19 和图 20 中的继电器 J1 的作用如下：高频开关电源模块输出短路保护的设计是一个恒流源，一般为额定电流的 1.2 倍，这样能保证电源输出发生短路模块不被烧毁，如 110V/10A 模块，最大输出电流为 12A，如果负载发生间接短路，如短路电阻为 2Ω，110V÷2Ω=55A，应该提供 55A 电流，但由于模块限流为 12A，根据欧姆定律输出电压为 12A×2Ω=24V，也就是说此时模块输电压为 24V。如果 12A 电流不能及时断开短路点，那么这个 12A 电流和 24V 电压将维持，这样负载跳闸继电器、电磁阀就会由于低电压而跳闸从而造成机组非停事故，小型空气断路器的跳闸时间和短路电流有很大关系，短路电流大、动作快，反之动作慢，见图 22。不同供电方式实际效果见表 1。AC/DC 和 DC/DC 模块瞬间短路输出特性

见图 23。

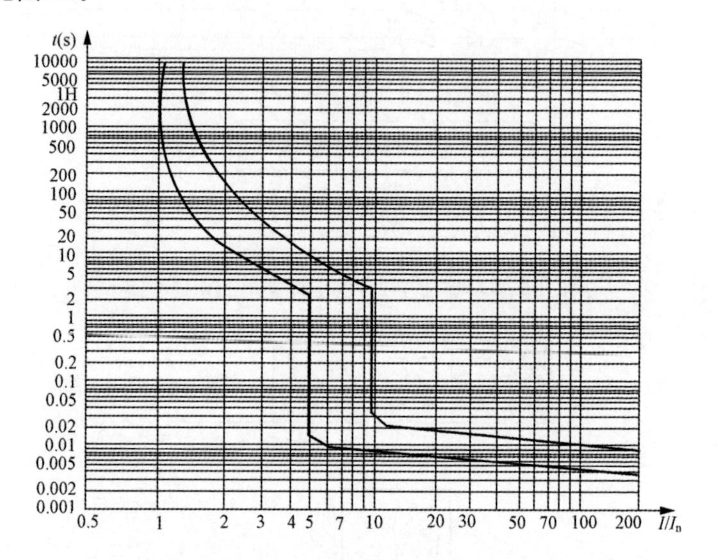

图 22　小型断路器器脱扣曲线

表 1　　不同供电方式实际效果

项　目	AC/DC（带蓄电池）直流系统	DC/DC
DC/DC 模块的短路冲击和失控测试	母线电压维持在额定	电压超出设备的供电范围
分路负载短路测试	未发现引起设备重启、误码	出现多次设备断电重启
大容量负载接入测试	未发现引起设备重启、误码	出现多次设备断电重启

由于图 19 和图 20 中 J1 的触点在正常运行时不闭合，当第一路直流电源故障时、瞬时由 DC/DC 电源模块为负载供电，然后 J1 的触点闭合，这样当热控负载发生短路时，由电厂蓄电池提供短路电流，实现快速、有选择地切除故障点，保证重

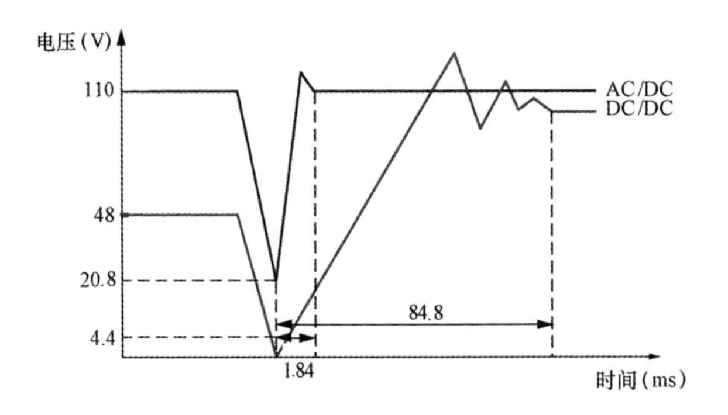

图 23　AC/DC 和 DC/DC 模块瞬间短路输出特性

要负荷的供电。

1）现在采用直流供电的设备。

锅炉直流负荷有：主燃料跳闸（MFT）继电器回路、燃油快关电磁阀（燃油进、回油快关阀，也有交流供电的）、PCV 阀（交、直流供电均可）。

汽轮机直流负荷有：汽轮机电液控制系统（DEH 的 OPC）和汽轮机紧急跳闸系统（ETS）的控制柜和电磁阀（AST、油动机、抽汽逆止门）、补气阀电磁阀、汽轮机旁路阀；给水泵汽轮机电磁阀。

从以上看出，热工系统采用直流控制电源的设备很少。

2）大中型火电厂设计规范（GB 50660—2011）。

规定热控控制电源一路应采用交流不间断电源（UPS），一路应采用交流不间断电源或厂用保安段电源。

由于大中型火电厂设计规范提高了热控交流控制电源的供电标准（双 UPS 电源），且 UPS 电源的可靠性日益增强，双路 UPS 供电有效地提高了交流供电的可靠性，加之热控主要控制系统已经采用交流供电，采用直流供电的设备或系统越来越少，为此提出**新建工程热控系统宜全部采用交流供电**

的方案，交流供电电源采用双路 UPS 电源，相应的控制回路原理见 3.1.2 热控控制电源全部采用交流供电方案具体说明。

3.2 热控交流 220V 控制电源系统配置方案

UPS 电源系统构成、工作原理

每台 UPS 电源的输入有三路电源提供，以厂用工作电源作为主输入电源，保安电源作为旁路电源，以电厂 220V 直流系统电源（带大容量蓄电池组）作为交流停电后的供电电源。UPS 电源的特点是当输入交流电源停电后保证 UPS 连续输出，具体如图 24 和图 25 所示。

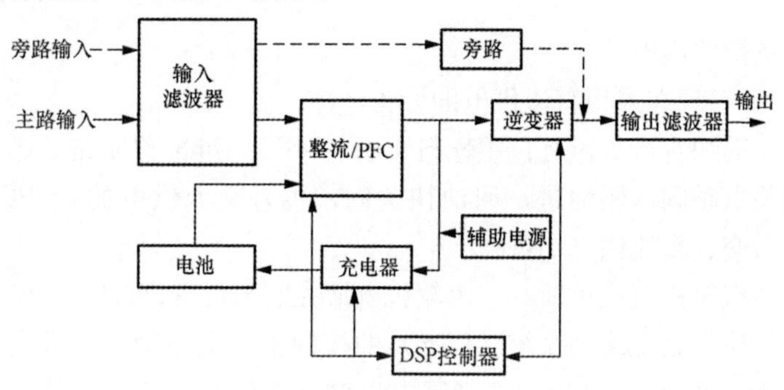

图 24 电厂典型 UPS 电源系统框图

每个 UPS 电源有三路输入，两路 UPS 电源相当于有 5 路电源支持，其可靠性已经等同或高于直流电源，为此大型机组重要的保护、控制和调节装置（DCS/DEH 等）均采用 UPS 作为供电电源。

3.2.1 是对热控交流 220V 控制电源的应用范围进行了说明，并强调所有控制板卡采用二极管耦合的冗余电源供电。

热控交流 220V 控制电源存在的问题是控制系统的操作员站、工程师站、历史站和网络设备的电源一般采用单电源供电；有些控制系统网络设备为环状网络，网络设备采用双路供

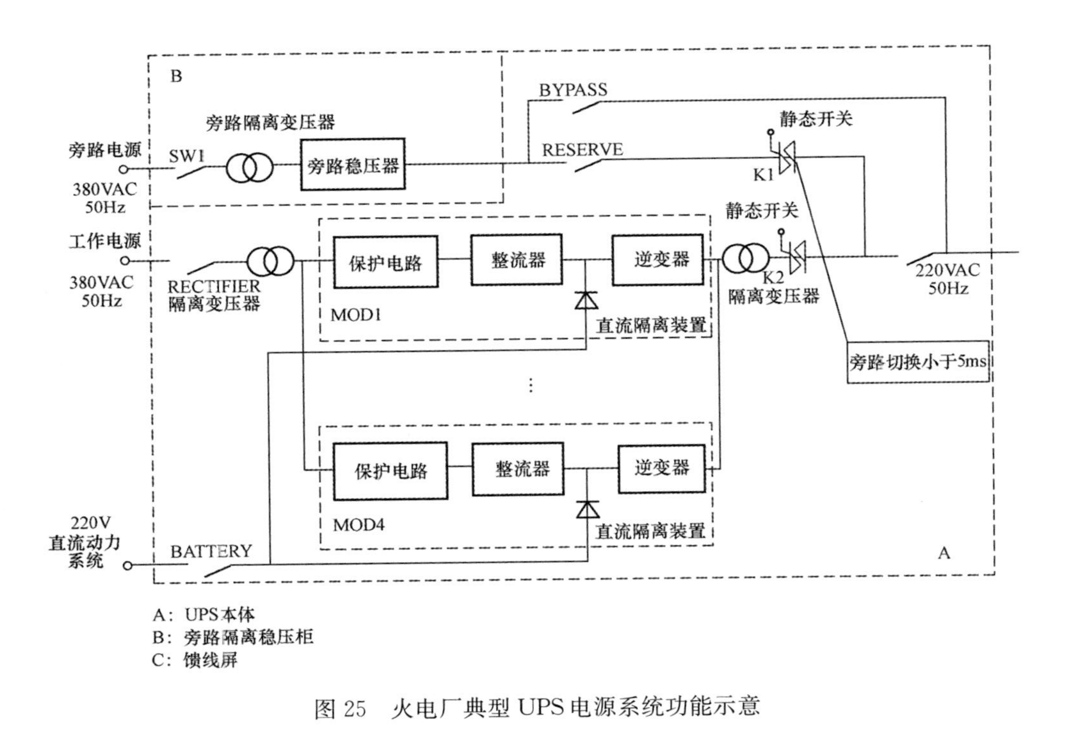

图 25　火电厂典型 UPS 电源系统功能示意

电，操作员站、工程师站、历史站等采用交流切换装置后再供独立的小型 UPS 供电，这种系统风险主要在小型 UPS 电源上。

由于对小型 UPS 电源理解差异，造成对相应蓄电池维护不好，当需要 UPS 电源工作时由于电池储能有限从而造成 UPS 无法工作，造成控制系统的操作员站、工程师站、部分网络设备停运，严重时造成机组停机。

3.2.2 是对热控交流 220V 控制电源应用在网络设备、工作站的电源规定，目的是保证当一路交流电源失去后，不影响控制系统的正常运行。

【案例 3】

某电厂 200MW 机组操作员站供电电源为一路，且全部操作员站均由该路电源供电。2010 年 8 月 6 日，操作员站供电电源故障，导致操作员无法使用，机组运行失控，根据应急预案，实施紧急停机停炉。

3.2.3 本条是对热控交流 220V 控制电源驱动的 24/48V 电源模块做了具体规定，一方面保证冗余供电和供电容量，同时强调不要将非重要设备电源接入 24/48V 耦合后的电源部位，因为控制设备辅助的部件如操作面板、指示灯、风扇等接入耦合后的电源，这些设备一旦发生故障，将直接影响到控制系统的安全；由于冗余电源最少两路，如果将这些设备电源接入二极管耦合之前，非重要设备故障只影响其中一路电源，不会影响整个电源。

【案例 4】

2013 年 11 月 30 日 9 时 13 分，某电厂 3 号机组 A 级检修后机组启动过程中因 ETS 触摸屏供电保险烧损，触发润滑油压低保护动作跳闸。分析原因为触摸屏供电回路熔断器烧坏（触摸屏内部故障）时，ETS 系统电源电压瞬间被拉低至 7V，PLC 系统卡件查询电压（24VDC）过低，机组润滑油压低（取常闭

点）被触发，导致机组保护跳闸。

ETS 系统、PLC 系统电源设置不合理，一是给触摸屏保险供电的保险容量偏大，触摸屏故障时导致系统电源大幅度下降时间长。二是触摸屏电源设计不合理，触摸屏作为显示用，平常并不用于操作，非必须存在部件，其电源与保护回路共用电源。

3.3 热控直流 24/48V 电源配置

本条对 DCS/DEH 内部的直流 24V/48V 控制电源做了具体规定，特别是部分控制系统采用的集中 24V 供电模式，应重点检查各电源模块的均流特性，保证各电源模块均衡供电，消除个别电源模块负荷过高造成的电源模块损坏，从而提高热控电源的可靠性。

3.4 热控独立装置交流 220V 电源配置

本条对热控独立装置交流 220V 电源配置作了具体规定，独立装置是指承担独立测量或驱动的热控设备，分重要独立装置电源和非重要独立装置电源，根据独立装置重要性和所处的区域不同有不同的要求。

3.5 交流 220V 仪表电源系统配置

条文 3.5

本条对热控交流 220V 仪表电源配置做了具体规定，对机组安全经济影响大的仪表电源取之机组 UPS 供电，其他仪表根据情况选择合适的电源供应。

本条特意将 CEMS 仪表电源单独列出，因为 CEMS 仪表监测信号（主要有烟尘、SO_2、NO_x 等）直接送到地方环保部门在线监视，如果电源不可靠造成信号失去，将给电厂带来很大的负面影响，为此要求 CEMS 仪表采用就地安装的 UPS 电源供电，不采用主机 UPS 供电，主要考虑 CEMS 仪表离主机 UPS 远，且室外设备多，CEMS 仪表电源故障不引起主机 UPS 工作异常或故障，确保主机安全运行。但对 CEMS 仪表配套的辅助部件电源应根据情况确定电源的选用。

3.6 交流380/220V执行机构电源配置

本条重要控制系统的就地执行机构电源非常重要，如果这些设备电源得不到保证，很难满足机组安全运行的要求。

1）保安电源工作原理。

保安电源是由电气400V两路PC段电源和柴油机三路电源组成的可靠电源，正常由两路厂用电供电并做冗余切换，当两路厂用电都失电后，自动启动柴油发电机。所以保安电源是为保证发电机组可靠冷却、轴承润滑等保证机组安全停机设置的。由于柴油机从接到启动指令到带上厂用电有8～10s的时间（失电8～10s），不保证电源输出的连续性，所以保安电源不能用作要求供电不间断的场合（如保护和连锁）。火电厂典型保安电源系统见图26。

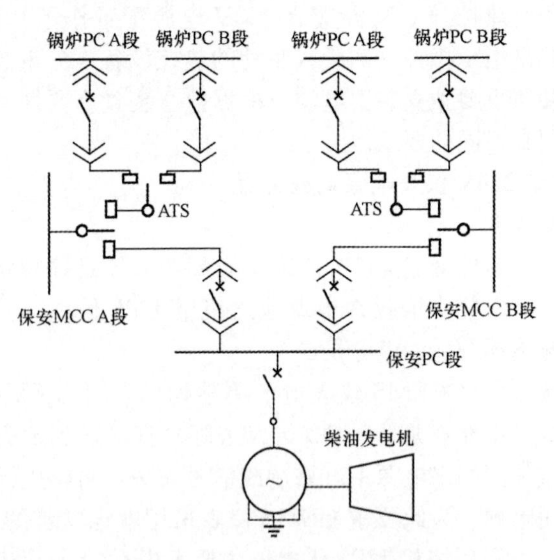

图26 火电厂典型保安电源系统

2）采用ATS开关做切换。

采用专用装置PC级ATS切换开关，可为单极和三极，图

27为单极原理。ATS开关切换原理见图28。

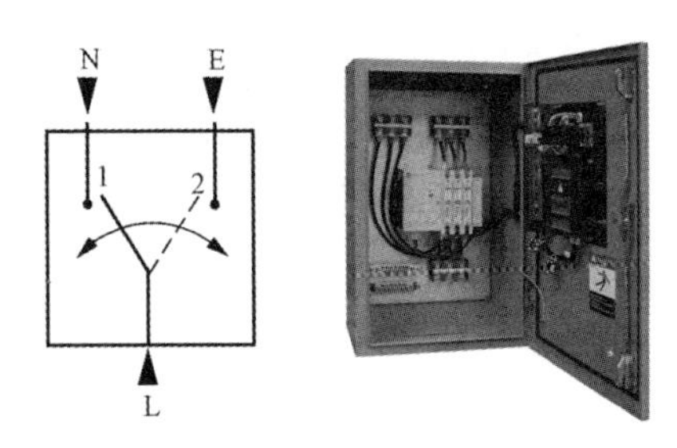

图27 采用AST专用装置供电原理

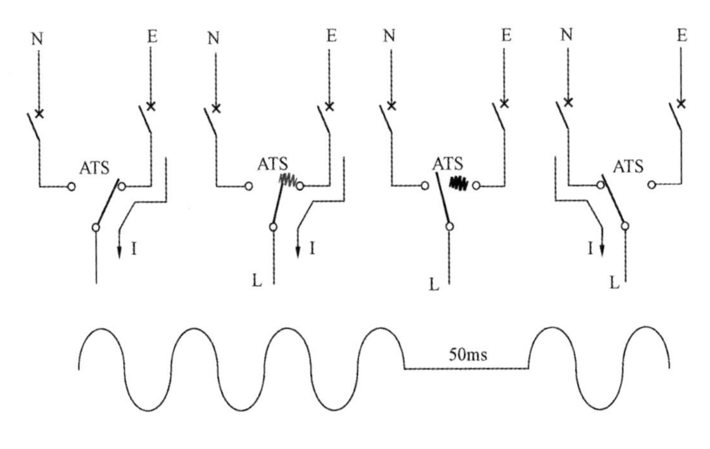

图28 ATS开关切换原理

主要厂家有美国ASCO7000系列、美国GEZGS系列和美国ME MDS7系列，以上切换开关最快可以做到50ms，一般在100ms左右。100ms的切换不能满足重要负荷供电的要求，50ms的切换可以满足部分计算机系统、PLC控制系统，无法满足欧姆龙MX系列、松下HC/HJ、ABB等220V小型继电器的要求（小型继电器的工作特性切换时间小于20ms）；快关电磁阀对于双电源切换要求基本是小于8ms，所以ATS切换开关无法满足快关阀的切换要求。

3）采用静态开关（STS）做切换。

静态转换开关适用于两路独立交流供电间相互切换的场合，与传统自动转换开关（ATS）不同，静态开关的转换速度极快，可做到8ms，部分可做到5ms。静态转换开关由自带控制和防护系统的双向晶闸管开关组成，由于晶闸管的导通时间快，基本小于200μs。这样在同步电源系统可以做到5ms之内，在不同步的电源系统需要时间更长些，可能到8ms左右：由于静态开关是由电子元件控制，电子元件（晶闸管）作为执行元件，它对可靠性要求较ATS开关要高许多，要求工作环境较高，ATS开关正常是靠机械保持，还有就是晶闸管的短路耐受能力要比ATS开关差些，100A的ATS开关短路耐受5kA至40ms、100～500A短路耐受10kA，500～1000A短路耐受可达20le。图29为快速电磁阀。

图29 快速电磁阀

通过对不同执行机构的失电重启动试验，一般执行机构失电70ms不会造成支持机构重启动，为此要求为执行机构配置的切换装置切换时间小于50ms，如果不满足要求，应采用静态开关解决。

3.7 给煤机、给粉机交流380V电源配置

本条是对给锅炉输送燃料的给煤机或给粉机电源的规定，重点是防止电网低电压运行时保障机组安全运行而规定的。

1）给煤机工作原理。

从图30可以看出主要是解决两部分：①给粉机变频器电源；②给煤机控制电源。两部分电源都要解决才能满足要求。

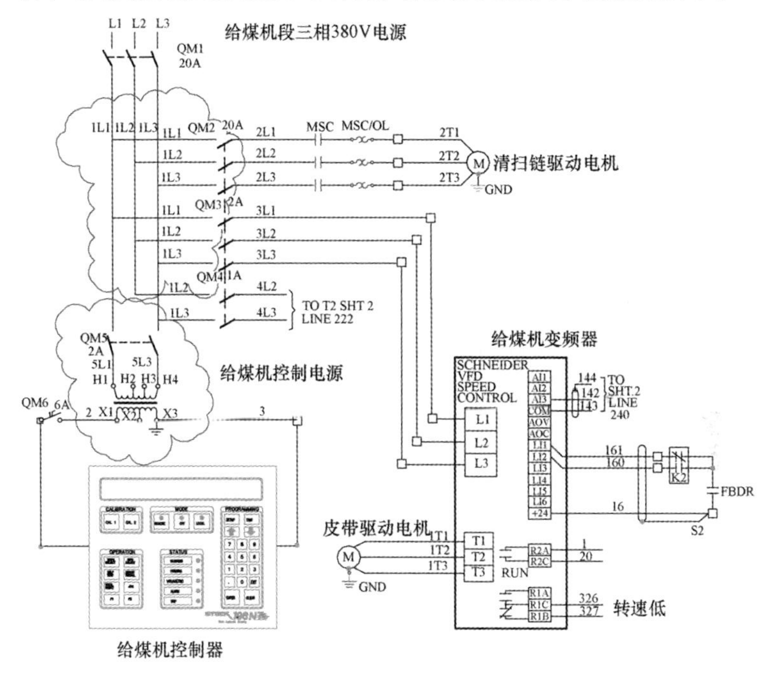

图30 给煤机控制回路

同给煤机一类电源的设备是控制和动力均取之相同电源，当相应的供电电源发生异常运行时，直接影响这类设备安全运行，处理不好将造成机组停机事件，已经被电网公司关注。

火电厂辅机变频器应用中遇到的主要问题是：变频器动力电源和控制电源往往取自厂用电源，当厂用电源发生“低电压穿越”时，变频器会由于低电压快速闭锁输出，不能有效地躲过系统暂态故障，不能满足电网稳定运行的需要。

2）电网公司对给煤机或给粉机交流电源的要求。

由于电网或厂用电异常造成使厂用电低电压运行时，将发生给煤机（或给粉机）、磨煤机动态分类器等设备电源降低或瞬间失去设备停运、机组停机事件，为此电网公司要求电厂对这些设备进行必要的改造，使其能够抗击低电压穿越工况，满足电网要求。图 31 是电网要求的指标。

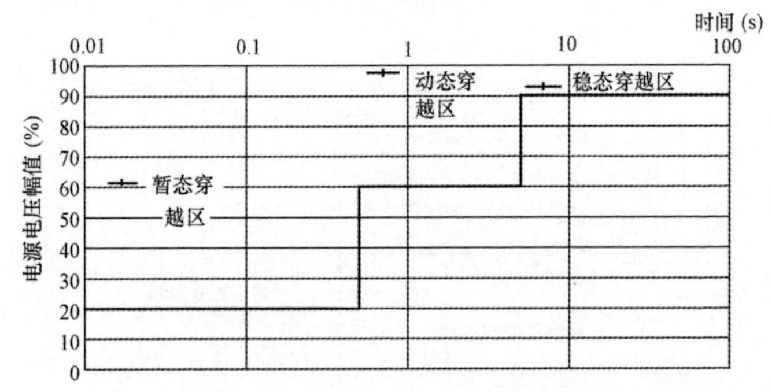

图 31　大型汽轮发电机组一类辅助变频器低电压穿越区

表 2 和图 31 是电网公司规定的低电压穿越标准，当电网电压≥20％额定电压时，机组安全工作时间大于 0.5s；当电网电压≥60％额定电压时，机组安全工作时间大于 5s；当电网电压≥90％且≤110％额定电压时，机组可长期工作。

表 2　大型汽轮发电机一类辅机变频器低电压穿越区

电压幅值	≥20％额定电压	≥60％额定电压	≥90％额定电压
低电压持续时间	≤0.5s	>0.5s，≤5s	5s

表 3　大型汽轮发电机一类辅机变频器高电压穿越区

电压幅值	≤130％额定电压
高电压持续时间	≤0.5s

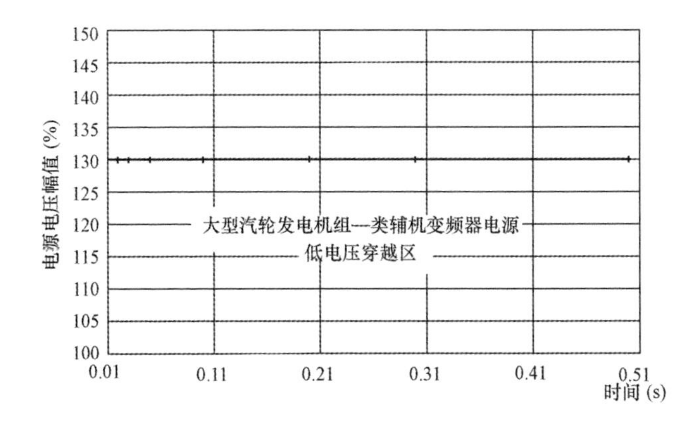

图 32　大型汽轮发电机组一类辅助变频器高电压穿越区

表 3 和图 32 是电网公司规定的高电压穿越标准，当电网电压≤130％额定电压时，机组安全工作时间大于 0.5s。

当电网电压≥90％、≤130％额定电压时，机组运行时间按现行的规程规定控制。

注 1：机组安全工作时间是指：在电网公司规定的时间内机组不能停机或大幅度降负荷。

注 2：中储式制粉系统的给粉机应根据具体情况采取相应的对策。

基于电网安全的要求，对给煤机和给粉机电源提出以下规定。

图 33 为防止给煤机低电压穿越电源回路。

图 34 为防止给煤机低电压穿越电源回路。

【案例 5】

2011 年 1 月，某电厂室外互感器损坏导致电网 500kV 系统接地故障，使得正在运行的本厂和周边电厂各一台 600MW 机组由于给煤机电源电压低跳闸（低电压最长时间为 0.6s）。两台 600MW 机组同时停运，对电网安全运行构成巨大威胁，这种故障类似风力发电的低电压穿越过程，为此电网公司下达相关规定，要求电厂必须解决此类问题。

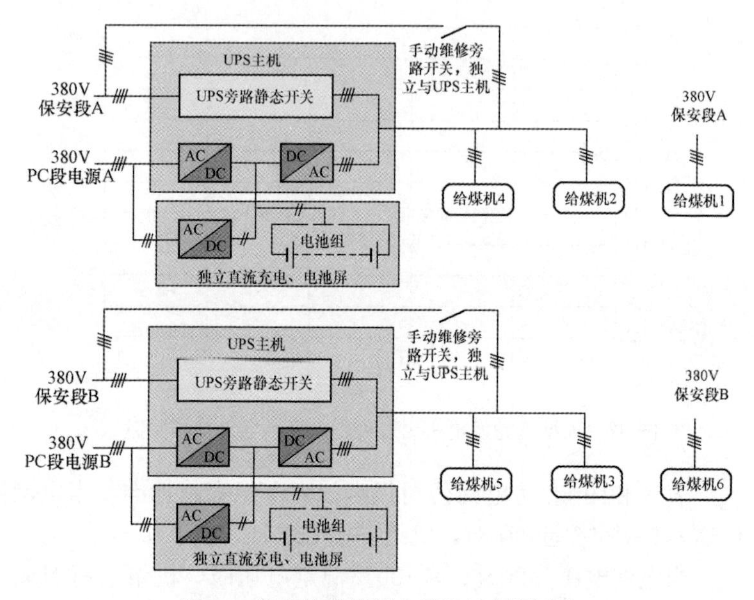

图 33　防止给煤机低电压穿越电源回路

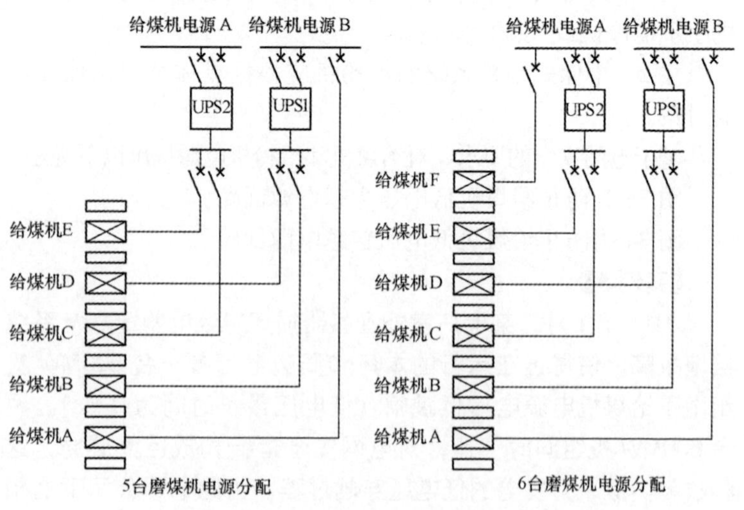

图 34　防止给煤机低电压穿越电源回路

4 热控电源事故预控

本章主要从管理方面提对热控电源的具体规定，各单位应按要求执行。

附录 A　火电厂热控系统电源故障案例选编

A.1　直流电源故障案例

A.1.1　MFT 跳闸继电器烧毁，MFT 保护动作，导致机组解列

【事件过程】2014 年某天夜里，某发电厂 300MW 机组 MFT 保护动作，造成机组解列。

【事件原因】事发后，运行和热控人员发现 MFT 四个跳闸的 220V 直流继电器线圈全部烧毁，造成继电器失磁，保护动作。通过运行记录和监视信息发现三次 220V 直流电源显示有 460V 的电压，且电气两套直流系统均有直流接地异常报警，并且是第一套直流正极接地，第二套直流负极接地。

MFT 跳闸继电器是从电气的两套直流系统分别取一路直流电源，在热工电源柜分别经两个二极管并联输出给 MFT 出口继电器供电，见图 A.1。

电气两套直流系统发生异极接地时，电路图见图 A.2。

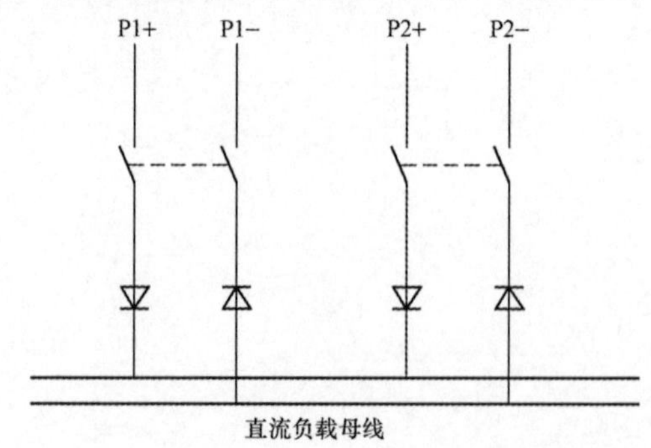

图 A.1　热控侧采用二极管将两路直流电源耦合的示意

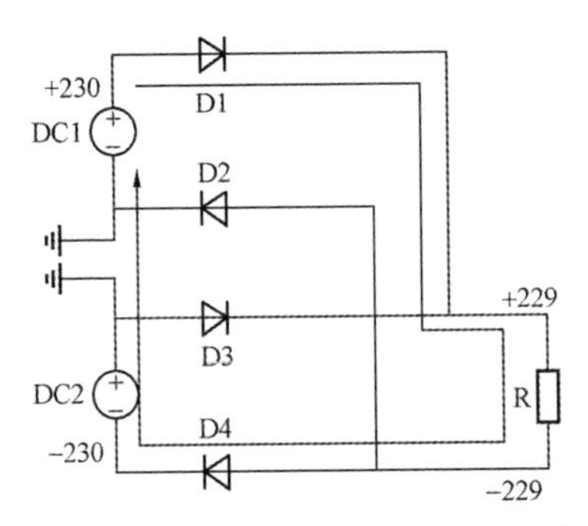

图 A.2　电气两套直流系统发生异极接地时负载继电器电压

从图 A.2 中看出采用四个二极管耦合模式，在两套直流系统一套正极接地，另一套负极接地异常时，会造成热工 MFT 继电器的电压叠加，因两套直流电压都是 230V，所以会监测到 460V 的直流电压。

【防范措施】

将直流二极管耦合模式改造成 ZR-ATS/DC 无扰直流切换模式，见图 A.3。

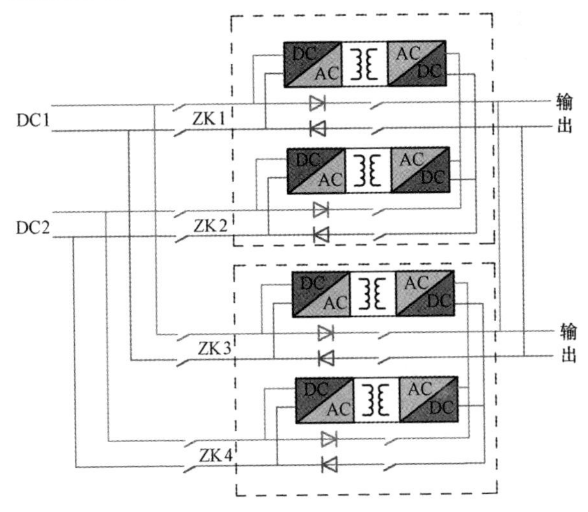

图 A.3　直流双电源无扰切换装置接线

A.1.2　直流双电源切换装置在1000MW机组热控直流电源中的应用

【事件过程】

某发电厂1000MW机组热工ETS、DEH等系统采用双路直流电源供电，当一路直流电源失电时，要求第二路电源无延时切换，否则就会造成机组跳闸，影响机组的安全稳定运行。原设计采用的是传统的二极管耦合切换方式，即两路直流电源正极通过二极管连接，负极直接连接的方式供电，此种方式导致机组直流系统两段母线环并运行，存在安全隐患。

【事件原因】

原热工直流负荷供电方式如图A.4所示，即两路直流的正极通过二极管耦合后接到一起，而负极直接接到一起的供电方式。正常运行时，由于二极管的特性只有一路导通而另一路截止，当导通供电的一路电源发生故障掉电时，另一路电源能够瞬时投入，保证了电源的不间断性。但是这种连接方式使两路直流电源没有完全独立，违反了相关规程的要求，给机组的安全稳定运行带来隐患。

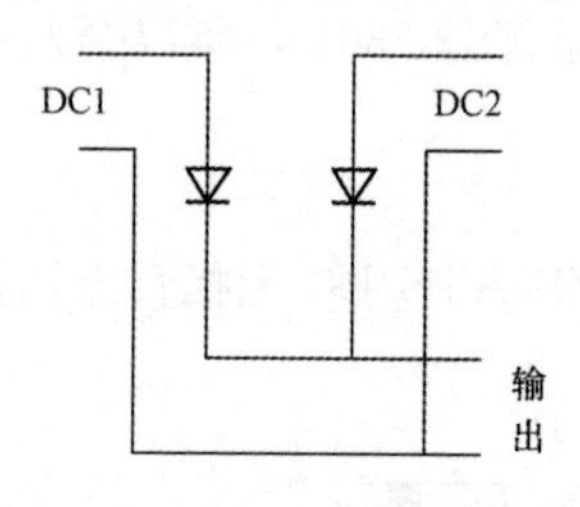

图A.4　原热工负荷接线方式

这种供电方式当其中的一路直流电源发生一点接地时，两段直流系统的绝缘监察装置无法正确判断接地位置，给查找直流接地点带来难度，在查找接地点的过程中存在热工电源全部掉电的风险，严重威胁机组的安全稳定运行。尤其是当直流系统发生第二点接地时就会造成严重的后果，当发生两点异极接地时（见图A.5），相对于DC2来说是直接短路，会造成开关跳开或其他异常故障，给整个直流系统带来严重影响。

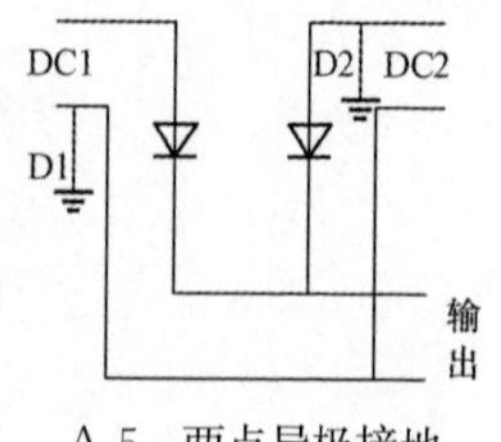

A.5　两点异极接地

【防范措施】

电厂通过调研，选用ZR-ATS/DC直流双电源无扰切换装置是将两路直流经DC/DC隔离变换器转换后并联输出，这样既能保证两路电源的无扰切换，又能保证两路直流电源只有电磁联系而无电气联系，实现了两路直流系统的完全电气隔离，接线见图A.6。

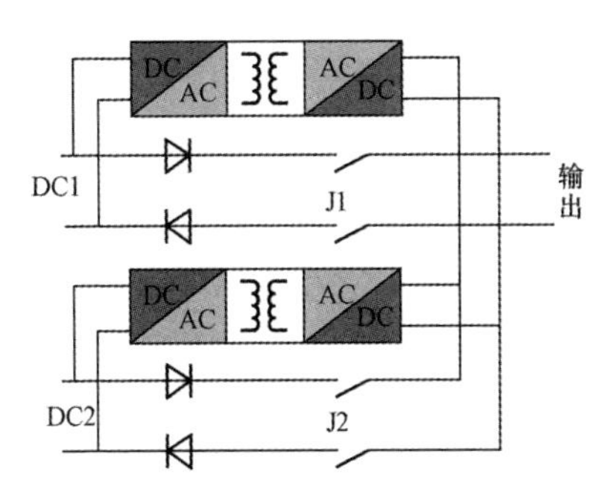

图A.6　直流双电源无扰切换装置接线

A.1.3　ETS直流电源系统接地故障引起发电机保护误动

【事件过程】

2004年8月27日23时32分，某发电厂3号机组“主变压器快速压力释放”保护动作，零功率切机动作，机组跳闸，锅炉MFT。

【事件原因】

电气继保检修人员检查发现两段直流110V A、B段母线都存在接地现象，该两段母线除了供给汽轮机热控直流电源配电柜，还供给电气保护装置电源。进一步仔细检查发现直流110VA、B段母线供给的用户中的汽轮机热控直流电源配电柜即ETS的两路直流电源存在接地且有合环现象。

电厂采用的直流系统绝缘监测仪，其查找直流接地的工作原理为：当母线绝缘下降到设定值以下后，该装置由电脑控制超低频信号源将 4Hz 最高值为 15V 的超低频信号由母线对地注入直流系统，通过安装在每一支路上的互感器接受这一超低频信号。由于支路上存在着接地电阻与接地电容，因此，流过支路上的超低频信号电流的大小与相位随着电阻与电容的大小变化而变化，而装在每个支路上的互感器所感应的超低频信号的大小和相位也随之变化，该装置通过这个信号的变化可判断出故障支路号，并计算出接地电阻值。

由于继电保护装置采用微机型，外部跳闸信号与保护装置之间均采用光电隔离，这种光隔的动作功率很小，直流系统绝缘监测仪发出的超低频干扰信号可能会通过电缆对地的耦合电容传送到微机保护的光隔上，就有可能造成保护误动作。分析认为发电机保护误动就是由于 ETS 直流电源接地合环造成干扰而引起。

ETS 系统设计有两路直流电源，而这两路电源分别从直流配电屏 A 和直流配电屏 B 引出送至 ETS 柜。ETS 柜电源设计，见图 A.7。

两路直流电源分别供主遮断电磁阀 5YV、6YV，两路直流电源经切换装置后的 FU3N、FU3P 供机械停机电磁阀 3YV 以

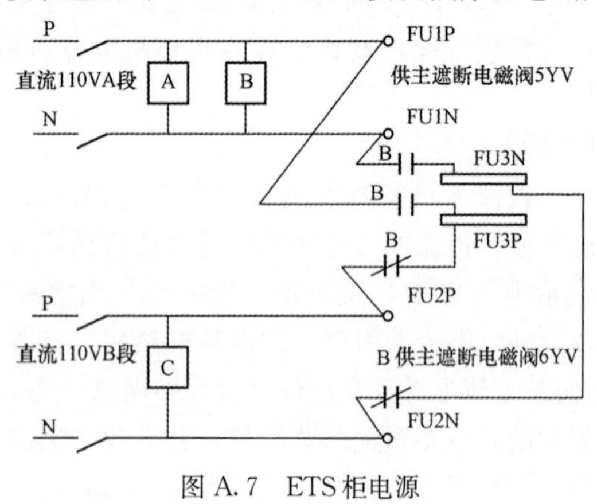

图 A.7 ETS 柜电源

及ETS输入信号的电源，这样设计的特点：

（1）当失掉一路直流电源时仍可保证一路主遮断电磁阀正常工作；

（2）保证了ETS输入信号的电源，虽然其电源切换是通过继电器B来实现切换且切换存在延时，但由于ETS跳机逻辑是采用正逻辑，即触点闭合跳机，因而当一路电源失去切换至另一路时不会触发跳机信号，另外由于3YV设计带电跳机，所以在电源切换时3YV不可能误动，只存在拒动，但只要主遮断电磁阀失电仍可保证保护动作停机；

（3）ETS设计输入信号电源失去跳机加了3s延时，所以完全有可能躲过电源的切换时间不会触发跳机。

从图A.7我们可看出ETS电源设计上没有存在问题，即使现场侧存在接地现象，也不会造成两段直流合环，并且直流电源系统允许一点接地运行，当时判断是否是ETS柜内切换继电器触点坏而造成合环，更换切换继电器后仍存在此种现象，后把切换继电器拆除，直接量FU3N、FU3P母线上有直流电压，因而判断是就地有直流电压倒送至ETS柜造成合环。经过进一步检查发现就地主遮断电磁阀5YV、6YV的线圈电源电缆和其行程开关以及其他送至ETS的反馈信号是同一根电缆，且由于高温绝缘被烫坏，因而造成两段直流电源合环，后更换电缆正常。

【防范措施】

（1）ETS电源设计存在问题：ETS的输入信号有六个端子板，其电源直接从FU3N、FU3P引出，且中间没有经过任何熔丝和空气开关环节，这样当现场信号只要有一点接地就会造成整个ETS柜的电源接地，而且无法判断是哪一路，只能把ETS柜的电源断开，从每一路、每个端子板查起，而且需要逐一拆线，这样一方面不方便检查，另一方面会影响机组的正常运行。为此，热工采取的改进措施：

在每个端子板上增加空气开关，这样在运行中可以将某一个端子板隔离进行检查。

将ETS的三路信号分别接到不同的端子板，这样即使把一个端子板隔离也不会造成保护失去，此外将ETS原设计逻辑中任一端子板电源失去就跳机可以改为将信号相同的三路端子板三取二，以提高保护动作的可靠性。

增加DCS大屏报警，当ETS任一端子板失电送至DCS报警，以便及时发现和检查，防止由于端子板失电而造成保护拒动。

（2）现场电缆存在问题：由于主遮断电磁阀以及其他行程开关都在汽轮机前轴承箱旁，温度较高，而电缆是采用了普通电缆，其中间又有转接接线盒，就地电磁阀控制电缆和行程开关反馈采用了同一根电缆。这样万一绝缘不好就会造成短路。事件后将电缆换成耐高温电缆，同时将每个信号的电缆分开，每个主遮断电磁阀控制电缆和行程开关反馈分开采用两根电缆。

（3）电气保护改造：继电保护专业对电气保护改造，防止由于此种原因而造成保护误动。

A.2 控制系统电源故障案例

A.2.1 ETS电源切换时间不满足要求，发生合环故障导致机组解列

【事件过程】

某电厂4号机组上午10点带203MW负荷运行。10点17分21秒，ETS电源失电（同时还有两台空气预热器控制电源丧失），AST电磁阀失电动作，汽轮机跳闸，2s钟后MFT动作，10点18分45秒发电机逆功率保护动作，5041和5042断路器和灭磁开关跳闸，机组解列。

【事件原因】

事发后热控人员检查发现ETS系统电源空气开关1MK、2MK均处于分闸状态，查看DCS历史记录无汽轮机跳闸首出，因此分析确认汽轮机跳闸停机原因，是ETS系统失电导致AST电磁阀失电动作泄掉高压危急遮断油，快速关闭了所有主汽门、调门所致。分析如下：

a）汽轮机跳闸、发电机逆功率保护动作的原因分析。

ETS系统两路电源分别来自UPS电源和保安段电源，两路电源分别经1MK、2MK断路器后进入电源切换装置，切换后电源作为ETS系统PLC、48VDC、24VDC、风扇、柜内照明的供电电源，同时在1MK电源断路器输出端并接一路电源作为AST电磁阀1、3电源，在2MK电源断路器输出端并接一路电源作为AST电磁阀2、4电源。

根据发变组录波图，发电机逆功率保护启动值为：有功功率−1.59%（−4.77MW），无功功率为：−3.05%（−9.15MW）。ETS保护失电AST电磁阀动作汽轮机主汽门、调门自行关闭后，因ETS电源已经丧失，汽轮机已跳闸信号未能发送到发变组保护装置，则发变组程序逆功率保护未动作，只能根据发电机实际负荷下降达到逆功率定值后启动逆功率保护装置，则汽轮机主汽门关闭1分24秒后，发电机解列、厂用电切换。

b）ETS系统电源丧失的原因分析。

从DCS历史图形看，ETS系统电源，A、B空气预热器变频柜控制电源同时丧失，为何ETS体统电源和空气预热器变频柜控制电源一起丧失，首先了解一下改两路电源的接线情况及切换原理。

c）ETS系统电源和空气预热器控制电源切换原理。

ETS电源，A、B空气预热器变频柜控制电源，均为双电源供电，通过失电切换方式实现电源的可靠供电。

ETS电源分别取自主厂房4号机UPS电源和400V保安4B段电源B相，柜内电源断路器为1MK、2MK，1MK、2MK分别下挂汽轮机AST电磁阀1、3和AST电磁阀2、4，快速电源切换装置给PLC、48VDC、24VDC、风扇、柜内照明供电，快速电源切换装置内电源断路器为QA、QB，其对应关系为1MK对应QA，2MK对应QB，正常情况下快速电源切换装置的两路输入电源互为备用，即电源切换装置出口电源为：若UPS电源先送电，输出为UPS电源，若是400V保安4B段电源先送电则输出为保安电源。

A. 8为ETS电源原理。

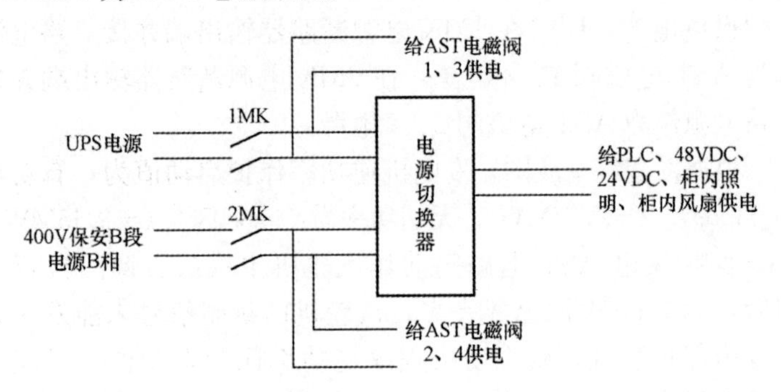

图A. 8　ETS电源原理

B空气预热器变频柜控制电源各为独立的两路电源，分别取自主厂房4号机UPS电源和热控BPP2电源，在控制柜内互为备用，A、B空气预热器变频控制柜内控制电源断路器为6A下挂4A保险后进入控制回路是以继电器方式实现切换。正常情况下以UPS电源为主电源，热控BPP1为辅电源。辅电源从热控BPP1通过断路器MK1、MK3取自PP1柜总电源，PP1柜总电源分别取自4号机UPS和400V保安4A段电源B相，以接触器方式进行主辅切换，下挂PP1柜电源母线，各负荷以共母线方式引接。图A. 9为空气预热器控制柜电源原理。

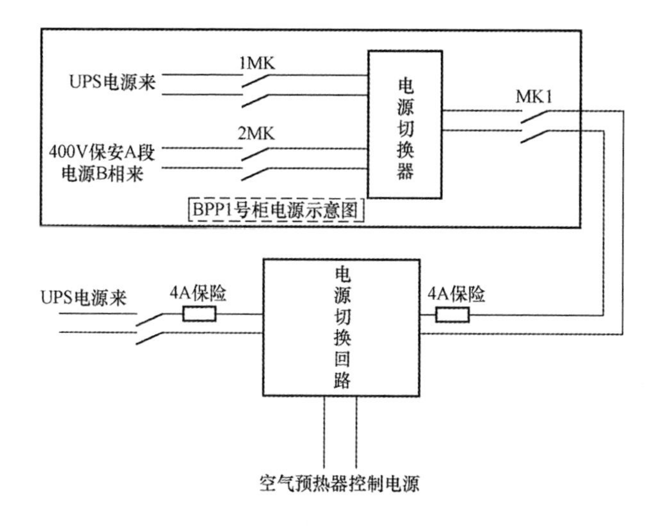

图 A.9 空气预热器控制柜电源原理

（1）ETS 系统电源丧失原因。根据事故发生时 ETS 系统、空气预热器电源丧失的情况，在 3 号机（停机备用）进行了相关试验：

在 ETS 柜快速电源切换装置做慢速切换试验时发现，在电源切换过程中，ETS 两路电源断路器 1MK、2MK，A、B 空气预热器变频控制柜控制电源断路器、BPP2 电源断路器均同时跳闸。

分别在 A、B 空气预热器变频柜做控制电源切换试验（10 次），均切换正常，未引起断路器跳闸情况。

把 A、B 空气预热器变频柜控制电源断开，再在 ETS 柜快速电源切换装置做慢速切换试验，切换过程中 ETS 两路电源断路器 1MK、2MK 电源断路器均同时跳开。做上述切换时，其他有切换器的其他电源回路，磨煤机油站、DCS 电源均未动作。

在 ETS 柜测量 UPS 与保安 B 相电源电压差为 319V。在 DCS 电源柜测量 UPS 与保安 A 相电源电压差为 418V。

根据上述试验及检查结果看，ETS电源丧失原因为：在ETS电源切换时，主、辅电源同时在合闸状态（采用接触器切换，在切换过程中有电弧，触点未完全断开），保安4B段电源B相与UPS（电源切换装置输入电源）存在有短时合环现象，压差过大产生冲击电流，将该回路系统上的断路器冲跳，直到合环回路消除。而其他有切换器的电源回路是保安A相与UPS供电，与ETS不是一个回路系统，在ETS系统发生短时合环时，未受到冲击，没有出现跳闸。

（2）ETS电源切换启动的原因。

根据控制电源投入情况，对于UPS电源其为整个4号机的总UPS电源，所有用UPS的都是一个系统，也就是说发生波动的话其他电源都要受影响，同样一个型号的电源快速切换装置，磨煤机油站没有受影响而ETS受影响。

400V保安4B段电压产生瞬时波动电压下降（电源并未失去，在切换过程中更易产生电弧）是造成ETS电源切换器启动并切换的原因。

【防范措施】

ETS系统电源主要给AST电磁阀、PLC、48V DC、24V DC、风扇、柜内照明供电，然而AST电磁阀电源却尤为重要；4个AST电磁阀采用并联后串联的方式设计，即AST电磁阀1、3并联为一组，AST电磁阀2、4并联后为一组，两组电磁阀再串联，因此即使AST电磁阀1、3两个电磁阀同时失电打开或AST电磁2、4两个电磁阀同时失电打开均不会导致汽轮机高压危急遮断丧失停机，因此只要AST电磁阀1、3或者AST电磁阀2、4中有一组的电源没有丧失均不会导致停机事故发生，AST电磁阀原理图见图A.10。为提高ETS系统电源可靠性，对其电源做了如下更改：

1）将ETS系统电源中的UPS给AST电磁阀1、3供电，保安段电源AST电磁阀2、4供电，该两路电源不再给其他任

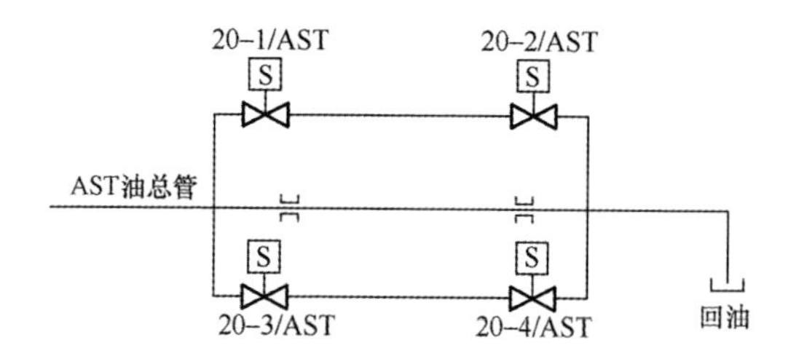

图 A.10 AST 电磁阀组合原理

何设备供电，完全将 AST 电磁阀的电源与其他设备隔开，避免其他设备故障导致 AST 电磁阀电源丧失，因采用了两路不同电源给 AST 电磁阀供电，两路电源同时丧失的机会几乎没有，大大提高 AST 电磁阀电源可靠。

2）重新布置 1 路 UPS 电源、1 路保安段电源到 ETS 控制柜进入新型智能电源切换器（带有滤波吸收功能），切换后供给 ETS 系统 PLC、48V DC、24V DC 供电。

3）根据相关规程规定，热控控制柜内照明、风扇电源不能取自控制柜内控制电源，因此由热控 TPP1 号柜取一路电源给 ETS 系统柜内风扇、照明进行供电。

更改 ETS 系统供电原理图见图 A.11。

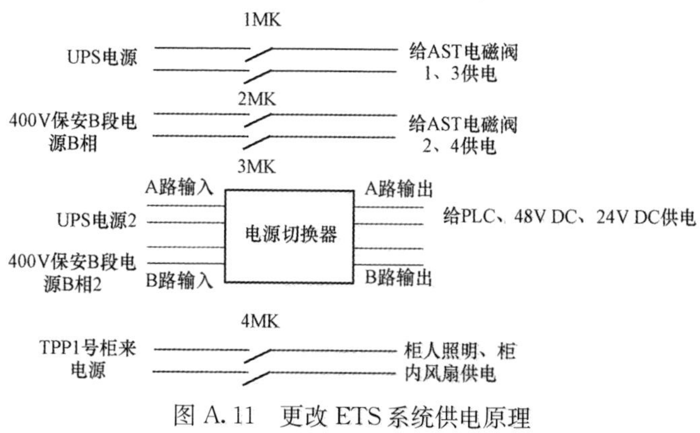

图 A.11 更改 ETS 系统供电原理

A.2.2 机组给水控制柜电源故障MFT原因分析

【事件过程】

2007年11月18日，某电厂6号机组首次冲168h进入第6天，上午10时39分49秒，机组负荷为459.5MW，A、B给水泵汽轮机遥控投入，给水调节处于自动控制状态，A（A、B给水泵汽轮机情况基本相似，以A给水泵汽轮机为例）给水泵汽轮机转速4930r/min，MEH系统通信出现故障。10：40：29，A给水泵汽轮机转速4930 r/min（MEH上三取中信号）变为坏质量。10：40：31，A给水泵汽轮机遥控口切除，MEH送入DCS信号（为硬接线）：A给水泵汽轮机转速实际值由4932 r/min突变为3129 r/min，A给水泵汽轮机转速设定值由4950 r/min突变为3219 r/min。10：40：52，A给水泵汽轮机转速实际值变为2809 r/min，A给水泵汽轮机转速设定值变为2812 r/min，MEH通信恢复正常，此时A给水泵汽轮机调门开度为0，MEH上A给水泵汽轮机复位信号为0，跳闸信号变为1，该信号强制置A给水泵汽轮机调门指令为0。10：40：54，A给水泵汽轮机转速3254 r/min（MEH上三取中信号）。10：40：56，A给水泵汽轮机复位信号为1，跳闸信号变为0。10：41：01，锅炉给水无法维持，手动MFT，A给水泵汽轮机跳闸。

【事件原因】

事故发生后，ABB专业工程师与电厂相关人员就故障情况进行了事故情况沟通及交流，进行了故障实际分析。通过对6号机组跳闸前和跳闸后一些数据进行分析，发现当时MEH控制逻辑中的某些功能块在故障过程中发生了变化，判断出在事故的过程中BRC300控制器出现过重新复位（即初始化），结合前期的故障信息：所有的I/O子模件在故障过程中有坏质量信息，判断为BRC初始化造成该控制器内所有信号恢复到原始值，并造成模件通信信息故障。

通过以上分析，认为是 DCS 模件柜 PFI（Power Failure Interrupt）保护动作导致整个 MEH 机柜模件异常。根据 ABB 公司的相关技术资料，正常情况下，PFI 输出信号对地电压和 +5V 对地电压相同，当这个信号产生时，即 PFI 对地电压由正常时的 +5V 左右下降到 4.75V 左右，此时所有的控制器包括 BRC、NPM、子模件等均停止工作，为进一步确认事故原因，决定通过试验来进行验证。

当夜 5 号机组正在进行冲转，A、B 汽泵均未投入运行，而 5 号机组 MEH 节点在 2007 年 11 月 18 日 9 时也出现了与 6 号机组类似现象，ABB 公司与电厂方协商决定在 5 号机组 MEH 机柜进行故障模拟试验。20 日凌晨 2 点组织试验，人为造成电源 PFI 保护动作，试验结果发现故障现象与 18 日 6 号机组 MEH 的故障现象相吻合。20 日凌晨 5 点半左右，为进一步验证故障现象，决定在降低 6 号机组负荷情况下，重复故障现象，对 6 号机组 MEH 模件柜进行 PFI 故障试验：将 6 号机 A 给水泵汽轮机转速维持 3000r/min，重复 PFI 故障，发现 A 给水泵汽轮机转速趋势与 18 日趋势类似。

经过分析和讨论，认为事故原因就是控制机柜的电源保护动作造成了停机。

【防范措施】

DCS 机柜电源保护，是为了保护 DCS 模件在低电压时模件的安全，但从实际看会造成机组停机，影响更大，经讨论对 MEH 机柜的电源保护进行屏蔽：断开监视模件到电源母线排 PFI 信号，同时用一个 250Ω 以上的电阻连接母线排上的 PFI 信号端和 +5V 信号端，这样做后，如果 +5V 电源因为某种原因导致监视模件依然产生 PFI 信号，只是这个 PFI 信号无法送到母线排上，因而所有控制器将不会受到影响。

A.3 独立装置电源故障案例

A.3.1 干除灰PLC控制系统故障分析处理

【事件过程】

干除灰控制系统采用可编程逻辑控制器（Programmable Logic Controller），简称PLC系统。控制器选用美国Modicon TSX Quantum系列自动化产品，控制自动化程度高，操作方便，全过程可实现程序控制、检测、报警、显示等功能。主要故障：

（1）电源模块配置功率不足：某电厂曾发生干除灰PLC系统的I/O模块频繁间歇性失电的情况，后经检查和试验确定原因是电源模块实际供电功率不足。

（2）连接PLC主站和远程站的同轴电缆因传输距离比较远，信号衰减程度加大，导致PLC系统远程数据通信状态时好时坏，很大程度上影响了PLC的正常运行。该系统主站与2号远程站和3号远程站之间原采用的是同轴电缆，曾经PLC发生信号传输异常的现象，导致主设备多次意外跳闸。

（3）由于PLC运行时间长，存在的故障还有：

PLC系统有一路通信不好，只能单路运行。

PLC无法自动热备用，在运行的A路通信或CPU故障时，另一B路无法自动投用，给运行带来很大的安全隐患。

PLC系统运行不稳定，经常出现数据波动大或数据无法显示、死机等故障。

继电器故障问题导致现场就地设备不能正常工作。

【事件原因】

对于不同的故障现象，进行了针对性的排查分析：

（1）PLC电源模块的额定功率必须满足各PLC卡件的功率总和，假如配置的额定功率不足，或者虽然额定功率满足，

但是由于电源模块本身的质量原因，实际功率无法达到要求等情况，可能会导致 PLC 状态异常。某电厂 8 号炉干除灰 PLC 是在三四期基础上扩建的，I/O 卡件和就地设备增加很多，可能造成系统电源模块配置功率不足的问题。

（2）通信有一路故障，由于这个故障也可能引起无法热备用和数据波动的问题。所以故障排查首先应该从同轴通信电缆进行检查，因同轴电缆传输信号的衰减达到一定程度时，可能出现数据通信状态时好时坏。信号电缆大部分是架空敷设，主要检查套管接头部分是否有破损现象，避免造成多点接地。

（3）本系统设计采用双机热备配置，以提高系统的可靠性，热备组件通过光缆电缆彼此相连，每个扫描周期，主 CPU 都要根据自身的 I/O 状态表，通过热备组件间的通信，来更新备用 CPU 的 I/O 状态表，使备用 CPU 始终与主 CPU 保持同步。但是运行中当主 CPU 故障后，从 CPU 无法切换热备状态，在用通信正常的线路连接到热备卡件模块后，仍无法投用热备。特别要注意的是：热备组件前面板上的 A/B 选择滑动开关，该开关用于选择 CPU 是 A 状态或 B 状态。两个 CPU 模块的 A/B 状态设置不能相同，即一个 CPU 状态设置为 A，另一 CPU 状态则必须设置为 B，否则系统无法实现热备。当 PLC 每次最初上电时，会默认 A CPU 为主 CPU，B CPU 为备用 CPU。

影响 PLC 控制系统稳定的干扰因素很多，主要的有下面几种：①电源波形畸变干扰；②电路耦合干扰；③输入元器件触点的抖动干扰；④电容性干扰；⑤电感性干扰；⑥谐波干扰。

经过分析判断现场干扰主要是电路耦合干扰，可能由于 PLC 接地点不当或接地不良，通过回路阻抗发生耦合而产生电流干扰。

本 PLC 系统设备继电器有两种，一种是直流 24V 继电器（有绿色指示灯），作为输出模块到现场设备的隔离继电器；一种是交流 220V 继电器（有红色指示灯），作为现场设备到输入模块的隔离继电器，在更换继电器时不能插错。另外需要排除个别继电器接点有接触不良的可能。

【防范措施】

（1）针对 PLC 电源模块配置功率不足问题，联系厂家更换新的电源模块后得到部分解决，还不能保证负载发生异常时整个 24V 电源被拉低的情况。

（2）对故障通信电缆的检查处理：首先通信电缆全面检查，主要检查套管的连接处有无通信电缆裸露，经检查未发现有破损和断路现象。在远程站电缆沟出口处发现电缆屏蔽层损坏，随即对该处焊接修复，故障排除。为了使 PLC 系统更加稳定可靠，我们将主站与 2 号远程站、3 号远程站之间的同轴电缆更换成多模光纤，提高通信的稳定性以及抗干扰性。更换后系统未再出现上述故障现象，问题得到根本解决。

（3）设法解决 CPU 无法投热备用问题。本厂使用的 CHS 热备模块，型号是 140CHS1100，这个型号的卡件有两个版本，一个是美国生产的，另一个是法国生产的，虽然型号一样，可是无法兼容使用。这是在此改造中发现无法进行热备的主要问题。经过更换同一版本的卡件模块后，热备顺利投用，消除了除灰系统运行的安全隐患。将原来控制系统的两个通信交换机进行升级，更换为带 6 个 100M 电口的工业型交换机，同时更换系统中的两块以太网通信模块，以提供系统数据通信可靠性。

A. 3. 2 供电电压波动，TSI 振动通道突变引起机组跳机闸

【事件过程】

某热电厂 450t/h 循环流化床锅炉，额定功率 125MW 的双抽汽凝汽式汽轮机的机组于 2002 年建成投产。TSI 采用本特利 3500 系统，软件版本 3.93。2010 年 6 月 1 日 6 时左右，汽轮机振动在 CRT 画面显示波动较大，热控人员到电子间 TSI 装置前测量振动板卡电压输出值，电压值在 8.5V 左右。6：40 左右与 CRT 画面振动值棒状图全部回零，持续时间 3～5s 后

振动值棒状图显示恢复，之后发振动大报警信号，恢复正常后大约10min后保护动作停机。

【事件原因】

热工人员在ETS柜退出TSI保护后，测量TSI各信号电压全部正常，绝缘值均大于100MΩ。连接上位机与TSI程序，检查机报警事件列表与系统事件列表，发现在跳机前有很多系统事件反映了公共回路问题。如：I/O模块跳线错误，系统事件丢失等。这些事件在所有卡件上都存在，而且基本同时且持续多次发生，其中在跳机前后数小时系统事件因为卡件系统事件丢失，没有被记录到。

FailI/O Jumper Check	00064	0	01/06/2010	06：24：48.17 Ch 3	8
FailI/O Jumper Check	00064	0	01/06/2010	06：24：48.17 Ch 1	8
Device Events Lost	00355	2	01/06/2010	06：24：52.89	8

报警事件列表中，显示了各通道频繁进入和离开Not OK状态。

0000031093	008	000	N/A	Left	Not OK	01/06/2010	06：24：48.05
0000031092	008	000	N/A	Enter	Not OK	01/06/2010	06：24：47.64
0000031091	008	000	N/A	Left	Not OK	01/06/2010	06：24：47.59
0000031090	008	000	N/A	Enter	Not OK	01/06/2010	06：24：47.48
0000031089	006	004	N/A	Left	Not OK	01/06/2010	06：24：49.30
0000031088	006	000	N/A	Left	Not OK	01/06/2010	06：24：48.25
0000031087	006	004	N/A	Enter	Not OK	01/06/2010	06：24：48.22
0000031086	006	000	N/A	Enter	Not OK	01/06/2010	06：24：48.20
0000031085	006	000	N/A	Left	Not OK	01/06/2010	06：24：48.15
0000031084	006	000	N/A	Enter	Not OK	01/06/2010	06：24：47.63
0000031083	006	000	N/A	Left	Not OK	01/06/2010	06：24：47.51
0000031082	006	000	N/A	Enter	Not OK	01/06/2010	06：24：47.41
0000031081	007	000	N/A	Left	Not OK	01/06/2010	06：24：48.35

……

经分析，认为事件原因是机组在6月1日凌晨时，3500框架供电电压波动，导致框架工作不正常引起。

6月3日做了模拟电压低的实验，使用可变交流电源对3500框架原电源供电，当供电电压低至110Vac rms左右时，出现了与跳机前相同的事件记录：

I/O模块跳线故障与系统事件丢失。

FailI/O Jumper Check	00064	0	03/06/2010	11：41：28.76 Ch 3	8
Fail I/O Jumper Check	00064	0	03/06/2010	11：41：28.76 Ch 1	8
Device Events Lost	00355	2	03/06/2010	11：41：28.88	8

报警事件列表中，显示了各通道频繁进入和离开Not OK状态，与跳机前一致。

供电电压恢复后，所有通道恢复正常工作，系统事件记录恢复正常。

【防范措施】

TSI装置只安装了一块电源，无冗余电源，当电源模块故障或供电电源故障时易引发误动。这次事件后，增加了一块电源。两只冗余电源模块，一路由保安电源提供电源，另一路为UPS提供电源，增强了系统的可靠性，能有效避免由电源冲击可能造成的误动。

A.4　仪表电源故障案例

A.4.1　电源冗余切换过程异常，导致系统失电，机组跳闸

【事件过程】

2009年4月13日某电厂1号汽轮发电机组由于汽轮机跳闸引起机组解列。1时36分54秒762毫秒DEH装置发出“1号DEH失电停机”信号，1号机组ETS保护动作。ETS首出原因为“DEH失电”，首出显示与事件记录吻合。

【事件原因】

1号机组DEH装置为NETWORK6000分散控制系统，系统电源冗余设置，分别接受UPS和厂用电220V AC电源，此

两路 220V AC 电源无切换装置，直接进入电源模件。每一路 220V AC 电源回路中均设置过流保护开关，跳断电流为 16A。每路 220V AC 电源分别进入两个 24V DC 和 1 个 48V DC 电源模件，24V DC 和 48V DC 电源模件的输出经二极管耦合后作为系统电源，为变送器提供工作电压、开关量输入的查询电压。每一路 48V DC 电源回路中均设置过流保护电气开关，跳断电流为 4A。24V DC 电源回路未设置单独的电气保护开关，但是电源模件上带有电源开关。事发后通过对设备的检查，220V AC 两只电气开关跳闸，其他开关仍然处于接通位置，即上级开关跳闸，下级开关未动作。控制机柜内未发现明显的接地、短路、熔焦的痕迹。

通过历史数据的追忆，发现 UPS 电源首先失去，切换过程厂用电供电也跳闸，造成系统失电。引起 UPS 电源跳闸的因素除 UPS 系统自身故障以外，对热控系统方面的原因进行分析：

（1）电源回路瞬时短路、接地。若 24V DC 、48V DC 回路出现短路、接地等因素，将导致过电流，会引起电源切换失败，两路 220V AC 电源跳闸。但事后检查发现，48V DC 回路中的过流开关并没有跳开，即下一级保护开关未动作，而上一级 220V AC 电流保护开关动作。建议检查这两级开关的动作特性，如果在出现过流的情况下，下一级开关能在上级开关动作前动作，即可排除 24V DC、48V DC 回路出现短路的故障因素。如上一级开关优先动作，则不能确认 24V DC、48V DC 回路出现过短路的故障因素。因机组跳闸后，恢复供电成功，即使出现短路、接地等故障也是瞬间的，故障点难以检查。A. 12 为 DEH 装置供电示意图。

（2）试验电源回路耦合。DEH 装置 UPS 电源和厂用电电源经继电器切换后，还作为 EH 油、真空试验电磁阀等的试验电源，电源简图如图 A. 12 所示。由电气回路设计确认 UPS 作

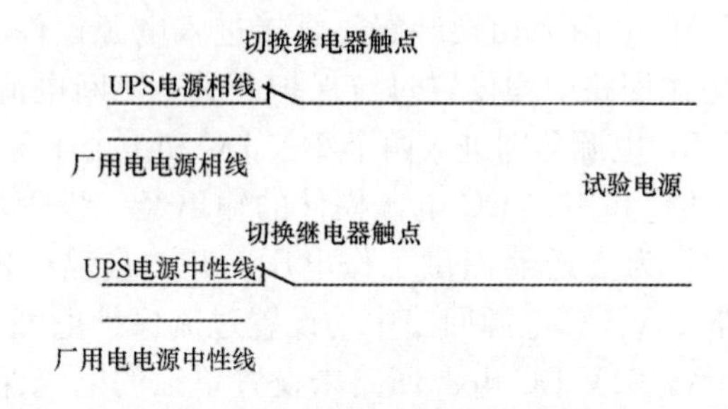

图 A.12　DEH 装置供电示意图

为主电源，在 UPS 电源失去后，切换至厂用电为试验电磁阀提供驱动电源。本次事件中，UPS 电源电压首先出现下降，势必将导致试验电源的切换，在切换继电器动作的临界电压附近，继电器触点会出现抖动和似断非断的状态，极易引起两路 220AC 电源回路耦合。通过现场试验，该继电器临界电压为 130V AC 左右。由于 1 号、2 号 DEH 装置供电回路相同，检查 2 号机组 2 路 220V AC 火线之间的电压达 300V AC 左右，若出现两路电源耦合的情况，相当于发生短路故障，会引起自动空气开关跳闸。

（3）试验继电器工作异常。如果试验继电器触点出现抖动，或者常开触点也出现导通的情况，都将引起两路电源的耦合，引起电源跳闸。

【防范措施】

对 DEH 控制机柜电源模件进行检查，未发现异常。采用 UPS 旁路供电后，系统恢复正常。事后进一步采取了以下防范措施：

（1）对控制机柜内电源回路的绝缘、接地情况进行检查，消除隐患。同时，对就地接线端子箱、执行器等的电缆进行系统排查。对就地设备的防雨防潮设施进行确认，避免外回路信号电缆的接地短路。

（2）对 48V AC、220V AC 过流开关的动作特性进行试验，对动作特性进行确认，进一步排除故障点。

（3）建议对试验电源采取单路供电的方式，避免两路电源的耦合，提高系统电源回路的可靠性。

（4）对试验继电器进行检查，确保继电器工作的可靠性。

A.4.2 循环泵冷却水压力变送器供电配置不合理造成机组循泵跳闸

【事件过程】

2011 年 5 月 3 日某电厂 8 号机组负荷 300MW 正常运行，7 号 A、8 号 B 循泵运行（7、8 号机组共用）。7 号机组主变压器 220kV 开关跳闸后因汽包水位低低而 MFT。7 号 A 循环水处理变开关因 6kV 公用 7A 段母线低电压跳闸。380V 循环水处理 7A 段工作电源开关未跳闸，造成 380V 循环水处理 7A 段母线失电。四期循泵房 PLC 的 CRT1 画面红闪、CRT2 失电。随后 7 号 A、8 号 B 号循泵跳闸，8 号机循环水进水压力到 0。最终 8 号机由于凝汽器循环水进水压力到 0，机组低真空保护动作跳闸。

【事件原因】

经检查 380V 循环水处理 7A 段失电原因为 7 号 A 循环水处理变开关辅助接点接触不好引起。7 号机 MFT 后，厂用电慢切，7 号 A 循环水处理变因母线电压低至 60V 延时 3s 动作跳闸，而高低压侧联跳未成功，380V 循环水处理 7A 段工作电源开关未跳闸。380V 循环水处理 7A、7B 段联络开关不能自投，造成 380V 循环水处理 7A 段母线失电，其下接的四期循泵房动力盘（一）及 MCC（一）失电，热工电源（一）、（三）失电。

针对循泵冷却水压力变送器失电原因进行查找分析。循泵房共有三路热工电源（图 A.13），分别是：

热工电源 1：接在循泵房动力盘（一）上，取自 380V 循

图A.13 PLC电源柜布置情况上部三只开关分别为
电源1、电源2和电源3

环水处理7A段母线；

热工电源2：接在循泵房动力盘（二）上，取自380V循环水处理8A段母线；

热工电源3：接在循泵房MCC（一）上，取自380V循环水处理7A段母线，实际与热工电源1来源相同。

控制系统的电源配置情况如下（图A.14）：

PLC的CPU供电（22VAC）：A侧CPU来自热工电源1，B侧CPU来自热工电源2，即分别在7A段母线和8A段母线上。

PLC的IO卡件供电（220VAC）：来自热工电源1和热工电源2经一组接触器切换后的输出电源。

循泵冷却水压力变送器供电（24VDC）：由于PLC卡件电源输出容量不足，由热工电源1和热工电源3经一组接触器切换后的输出，经24VCDC变压模块后提供。由于热工电源1和热工电源3实际均取自380V循环水处理7A段母线，在7A段

图 A.14　电源柜背面的 24VDC 电源模块

母线失电后循泵冷却水压力变送器失电。压力变送器输出信号到零（压力低于 0.05MPa，延时 10min 跳泵，单点保护），导致冷却水压力低保护动作跳循泵。

事后对四期循泵动力盘（一）以及四期循泵 MCC（一）电源进行同时失电试验，发现经过 10min 后 7 号 B、8 号 A 循泵同时跳闸。

四期循泵（7A/7B、8A/8B）控制系统由一对软冗余的 PLC 控制器（型号：GE S90-30）及单路 IO 卡件组成。检查发现循泵 PLC 的 B 侧 CPU 只有一盏 OK 灯亮，其余两盏灯均不亮，该状态表明系统与网络通信中断。

在PLC 系统 A 侧电源失电后，A 侧 CPU 失电停运，由于冗余功能异常，B 侧 CPU 数据无法上传到 CRT，运行人员无法通过画面操作。后对循泵 PLC 的 B 侧 CPU 重启后系统恢复正常。据了解该 GE PLC 系统的 CPU 冗余切换通过软逻辑实现，切换功能不可靠。

通过试验分析确定循泵控制系统在电源设计上不合理。存在两只CPU分别为单路供电；卡件电源通过接触器切换；压力变送器电源实际只取自7A段母线的故障隐患。

【防范措施】

（1）对四期循泵冷却水压力变送器供电回路进行改接，两路电源分别来自7A段母线和8A段母线。

（2）对循泵PLC控制系统进行改造，增加DCS远程柜。

A.5 24/48V电源故障案例

A.5.1 DEH伺服卡电源保险熔断、机组跳闸

【事件过程】

2009年3月19日23时17分，某电厂3号机组被迫手动打闸停机。检查发现DEH伺服卡24V两路供电电源的保险熔断，伺服阀控制器电源消失，所有伺服卡件失电，高压主汽门和中压调门关闭，造成机组负荷瞬间降至为0。

经厂家技术人员现场确认，将DEH伺服卡24V两路供电电源保险更换为6A规格，3月20日17时41分，机组并网。

【事件原因】

DEH伺服阀控制器是重要的控制电源，厂家原配置为3A保险，在所有伺服阀工作时已经接近3A电流，造成保险长期过热运行，触发了本次故障。

【防范措施】

对控制系统配置的小型空气断路器、熔断器应根据信号的重要程度选择适当的安全系数，并注意上下级电流和时间的配合。

A.5.2 ETS触摸屏电源故障影响保护信号的查询电源、造成机组跳闸

【事件过程】

2013年11月30日9：13，某电厂3号机组A级检修后机

组启动过程中因 ETS 触摸屏供电保险烧损，触发润滑油压低保护动作跳闸。

【事件原因】

触摸屏供电回路保险烧坏（触摸屏内部故障）时，ETS 系统电源电压瞬间被拉低至 7V，PLC 系统卡件查询电压（24V DC）过低，机组润滑油压低（取常闭点））被触发，导致机组保护跳闸。

ETS 系统 PLC 系统电源设置不合理，一方面给触摸屏保险供电的保险容量偏大，触摸屏故障时导致系统电源大幅度下降。二是触摸屏电源设计不合理，触摸屏作为显示用，平常并不用于操作，非必须存在部件，其电源与保护回路共用电源，为故障埋下隐患。

【防范措施】

将触摸屏电源单独安装一个 24V 电源模块供电，需要时送电。对热控控制系统非重要设备如触摸屏、指示灯、风扇等不要取之重要负荷的电源，最低要求不要取之重要电源二极管耦合后。

A.5.3 电源模块故障使循泵跳闸导致机组停机

【事件过程】

2005 年 3 月 4 日 11 时 26 分，某电厂 1 号机组运行中 1B 循泵跳闸，CRT 上循泵画面全部变红，立即紧急停运 1B 磨煤机；23s 后 1A 循泵跳闸，值班员手动 MFT，汽轮机连锁跳闸，发电机逆功率动作解列。

【事件原因】

故障查找检查中，发现 1 号机组循环水泵房热工远程 I/O 控制柜 10CKA45 的双路 SITOP 电源模件内部中的一块电源转换模块上元件烧损，该模块对应的电子间 220V 电源供电开关跳闸，检查模块输入和输出端保险均正常，I/O 柜内未发现短路点。更换电源模块后系统运行正常。

（1）事故的直接原因，分析认为是一路电源模件故障时导致柜内直流24V瞬间失电，循环水泵A、B出口蝶阀控制采用24V常带电控制方式，在系统电源瞬间失去时，控制电磁阀失电泻油，循环水泵A、B出口蝶阀关闭，A、B循环水泵出口压力高保护动作跳闸。

（2）事故的根本原因，分析认为是单路电源损坏导致系统电源瞬间失去。西门子SITOP电源模件可以直接并联连接实现电源的冗余供电，当一路输入电源失电时另一侧SITOP仍可正常工作，提供系统所需24V电源。但对于单侧SITOP出现烧毁等异常情况（如输出回路的辅助回路烧毁），则可能导致另一侧电源短时间掉电。其原因为电源输出保护回路设计在隔离二极管之后，当输出保护回路过流烧损时对另一路电源造成影响。因此，此电源冗余设计存在严重隐患。

电源的损坏原因初步检查发现输出回路烧毁一个电阻、击穿了一个二极管、损坏了一个LM258运算放大器，输入回路损坏了两个三极管。从故障现象分析，故障时电源接近短路，烧坏了输出电路的保护回路，也导致输入交流220V不稳定，从而使输入回路两个三极管短路损坏，造成电源接近短路的原因联系西门子进行进一步确认。

【防范措施】

（1）远程I/O柜电源为冗余配置，单路电源损坏应不影响系统正常工作，但本次事故中单路电源故障导致整个系统电源瞬间失去，暴露出系统电源设计存在严重隐患，两路电源没有可靠地隔离。

（2）现场检查损坏的电源，发现电路板表面盐分较大，说明临海区域的气候条件潮湿与盐分浓度高，对电子设备存在腐蚀风险，设备负责人缺少该类防潮、防腐工作的专业知识，风险意识不强。

（3）事故后的故障点查找过程中，由于专责人对系统的结

构掌握深度不够，故障点查找思路不清晰，在专业主管的指导下才得以及时地找到故障点，暴露出专责人对设备的掌握不深入，系统故障处理能力不足。

（4）出口蝶阀控制采用24V常带电控制方式，且在同一远程I/O柜进行控制，误动的风险较大。

A.5.4　电源模块输出空气开关共用造成锅炉再热器保护误动作停机

【事件过程】

2011年8月1日19时某电厂4号机组451.6MW正常运行中4A/4B两侧中压主汽门关闭信号收到，造成锅炉再热器保护MFT动作停机。

【事件原因】

检查逻辑发现触发再热器保护动作的条件为汽轮机低压旁路关闭且4A/4B两侧中压主汽门均关闭。图A.15为再热主汽门关闭逻辑。图A.16为锅炉再热器保护逻辑。

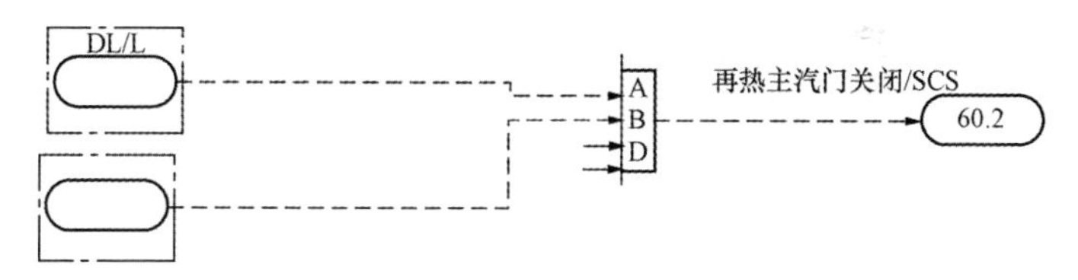

图A.15　再热主汽门关闭逻辑

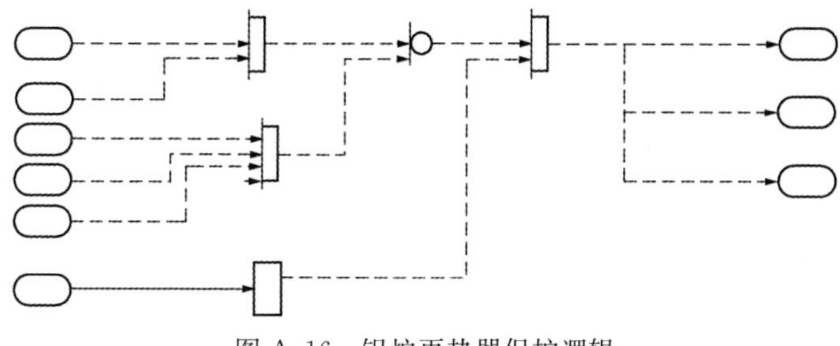

图A.16　锅炉再热器保护逻辑

4A、4B 中压主汽门关闭信号由 DEH 通过 4A、4B 中压主汽门阀位模拟量反馈计算后以硬接线方式送 DCS 系统。现场检查发现 4B 号中主门阀位电缆被高温烫伤短路，造成反馈装置的供电电源开关 F87 跳开。由于 F87 24VDC 电源开关是 4A 号、4B 号中压主汽门阀位模拟量反馈的共用供电电源，电源开关跳开使 DEH 系统的 4A、4B 中压主汽门关闭信号发出，MFT 再热器保护条件动作。图 A. 17 为位置反馈测量装置的电源开关。

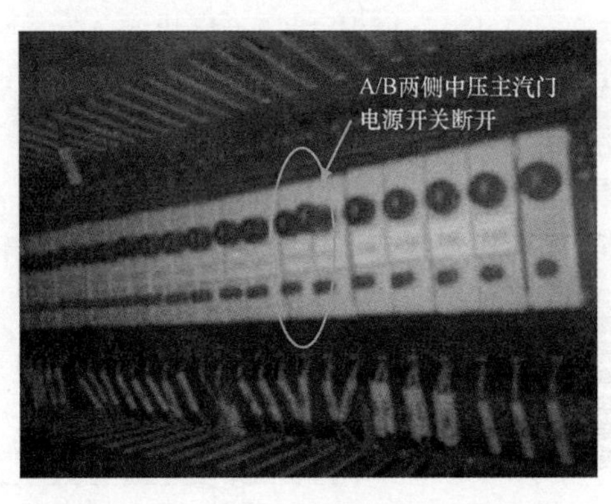

图 A. 17 位置反馈测量装置的电源开关

【防范措施】

(1) 将 4A 号、4B 号中主门阀位模拟量反馈供电电源原合用的一个电源开关，改为由两个电源开关分开供电。

(2) 对机组运行中可能处于高温部位的电缆及保护管进行排查，并采取相应防护措施。

A. 5. 5 电源模块输出空气开关共用造成锅炉再热器保护误动作停机

【事件过程】

2011 年 5 月 28 日某燃机电厂 3 号机组正常运行中，3 号燃机五级顶部、底部防喘放气阀打开，天然气控制系统跳闸动作，机组遮断。

【事件原因】

五级底部防喘放气阀(30MBA41AA051)、五级顶部防喘放气阀(30MBA42AA051)、盘车1号啮合电磁阀(30MBV35AA001)、盘车进油切断电磁阀(30MBV35AA003)这4个阀门的控制卡件(30CPA22.BA5)、五级底部防喘放气阀(30MBA41AA051)、五级顶部防喘放气阀(30MBA42AA051)开到位、关到位反馈信号的24VDC供电电源来自同一个熔丝30CPA22.F5(1A)。就地检查发现30CPA22.F5熔丝已经断路(图A.18、图A.19)，30CPA22.BA5卡件失去电源，控制信号消失，3号燃机五级底部、顶部防喘放气阀(单控电磁阀)失电动作，导致3号燃机五级底部、顶部防喘放气阀误开。

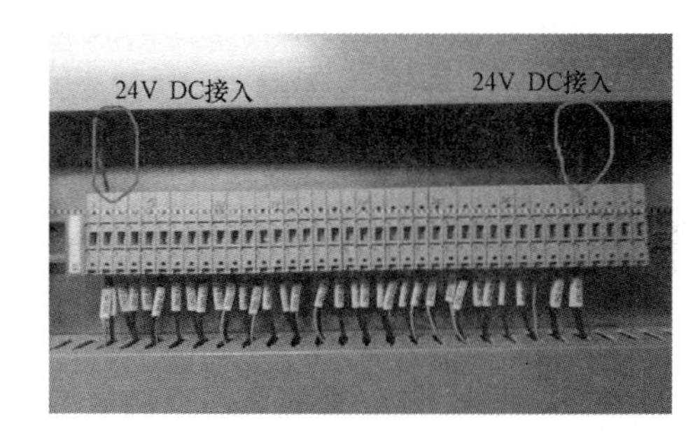

图A.18　现场远程机柜24V DC电源配置

图A.19　30CPA22.F5熔丝

热工人员对五级底部、顶部防喘放气阀进行了模拟试验，关闭五级底部防喘放气阀(30MBA41AA051)，关闭五级顶部防喘放气阀(30MBA42AA051)，在关到位反馈信号正常后，断开30CPA22.F5熔丝开关让卡件30CPA22.BA5失电，发现3号燃机五级底部防喘放气阀(30MBA41AA051)反馈异常报警，五级顶部防喘放气阀(30MBA42AA051)反馈异常报警，盘车1号啮合电磁阀(30MBV35AA001)反馈异常报警，盘车进油切断电磁阀(30MBV35AA003)反馈异常报警。就地检查燃机五级底部防喘放气阀(30MBA41AA051)，五级顶部防喘放气阀(30MBA42AA051)实际阀位处于开启状态。

30CPA22.BA5阀门控制卡件（西门子SIM323）检查未见短路、损坏现象，更换30CPA22.F5熔丝后，卡件处于正常工作状态。30CPA22.BA5阀门控制卡件下所有设备的控制回路检查未见接地现象，电缆接线对地绝缘情况正常，线间绝缘情况正常。

对30CPA22.F5上使用的220V 1A熔丝进行了加电流熔断试验，发现在电流加到6.3A时，熔丝熔断；同时测量五级顶部防喘放气阀，五级底部防喘放气阀开启时30CPA22.F5熔丝的稳态负载电流为0.077A；测量五级顶部防喘放气阀，五级底部防喘放气阀关闭时30CPA22.F5熔丝的稳态负载电流为0.24A；测量五级顶部防喘放气阀，五级底部防喘放气阀关闭，盘车进油切断电磁阀和盘车1号啮合电磁阀工作时30CPA22.F5熔丝的稳态负载电流为0.36A。

通过上述检查和试验分析，初步判断造成3号燃机30CPA22.F5熔丝熔断的主要原因可能是因为3号燃机五级底部、顶部防喘放气阀的开、关到位反馈（接近开关）瞬间短路、接地，引起大电流冲击，造成30CPA22.F5熔丝熔断。

【防范措施】

(1) 新增熔丝开关30CPA22.F33～F38（220V.1A)，将原

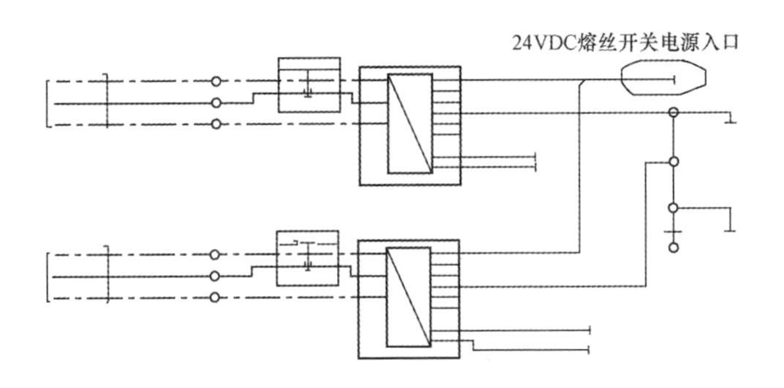

图 A.20　30CPA22 机柜供电回路

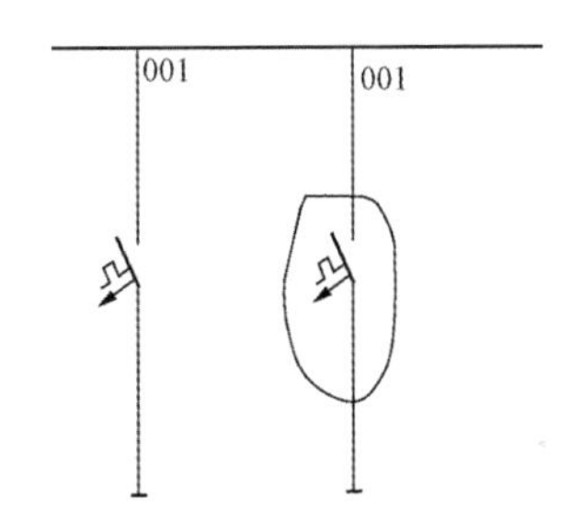

图 A.21　24V DC 供电配置

30CPA22.F5 下挂设备进行分电源回路处理。30CPA22.F5（1A）电源回路下只保留 3 号燃机五级底部防喘放气阀（30MBA41AA051）、五级顶部防喘放气阀（30MBA42AA051）控制电磁阀；盘车 1 号啮合电磁阀（30MBV35AA001）；盘车进油切断电磁阀（30MBV35AA003）；控制卡件（30CPA22.BA5）的电源。

（2）为确保九级防喘放气阀电源回路的可靠性，对九级防喘放气阀控制电磁阀、接近开关电源回路进行分开处理；30CPA22.F10 下挂设备进行分电源回路处理。

（3）为了防止因防喘放气阀误动，引起 ACC 大而导致燃机跳闸，对 3 号燃机防喘放气阀的控制逻辑回路进行改造。新

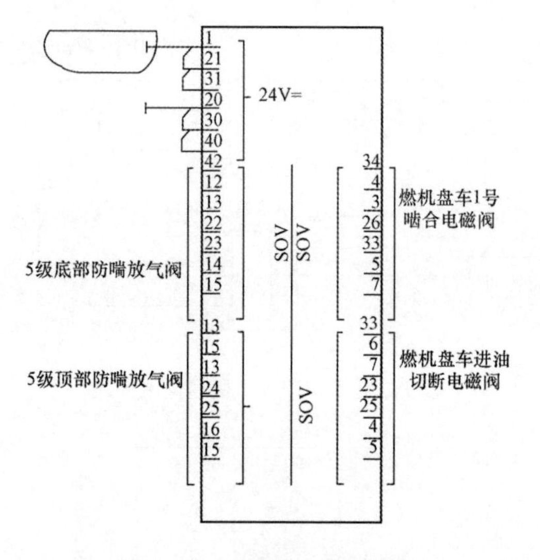

图 A.22 控制卡件端子接线

增五级顶部、底部防喘放气阀和九级防喘放气阀的关到位信号，并增加3取2逻辑判断，消除原逻辑中防喘放气阀的任意一只关到位的接近开关信号丢失，延时2s燃机将顺停的设计缺陷。

A.6 380动力电源故障案例

FSSS系统机柜电源模件故障，PFI保护动作停机

【事件过程】

2008年6月15日6月15日00时06分，某电厂1号机组负荷82.9MW，2号制粉系统运行，给粉机下1～下4、中1～中4、上2运行，其他系统正常运行方式。00时06分操作员发现操作站画面参数异常，CRT炉侧数据大量变成紫色，炉侧设备无法操作，火检监视看不到火焰，给粉机均跳闸，CCS自动退出，机组负荷、汽温和压力持续下降，但MFT未翻牌

报警，制粉系统未跳闸。

机组采取快速减负荷，并启动交流油泵，就地拉2号排粉机、2号磨煤机、给粉总电源，手动关闭减温水。初步判断是热工模件故障引起，通知热工维护人员到现场处理。00时17分16秒，1号机组负荷为14.5MW，机侧主汽温度下降至450℃，炉侧BTG屏显示为385℃，低温保护未动作（后查属于MFT信号未发出），汇报值长，手动拍机，发电机跳闸；由于2号机组A级检修未启动，1号炉已MFT，值长命令对二期来高压辅汽进行暖管疏水。图A.23为故障电源模件背面图。

图A.23 故障电源模件背面图

热工人员检查发现DCS系统环境温度偏高（大于30℃），FSSS系统机柜（PCU02）内模件工作异常，所有模件状态指示灯为红色，已停止工作，机柜双路电源中的左路电源工作状态指示正常（状态灯为绿色），右路电源工作状态指示异常，状态灯在绿色和红色间来回变化（大约3s的频率）；00：18，热工人员将右路异常电源断电后，机柜内模件开始恢复正常工作状态。热工人员抽出异常的电源模件，手触摸烫手（温度高于正常电源模件），更换故障电源模件。00时50分1号机组CRT数据回复正常，启动1、2号引送风机开始吹扫。01时20分轴封汽压力偏低，破坏真空。02时00分投入高温轴封后拉真空发现1号机低压缸安全膜破（原因：由于投入二期高参数轴封后，凝汽器真空未建立的前提下，凝汽器起压，导致安全膜破），04时10分，维护处理好汽轮机安全膜，锅炉重新吹扫，04时15分开始点火。05时50分主汽压力为9.7MPa，汽温为425/370℃，真空为95.5kPa，油温为38.7℃，大轴弯曲为110μm，高压主汽温为410℃，开始冲转。06时10分1号机并网，1号机恢复正常。

【事件原因】

根据操作员站事件记录、现场运行人员和热工人员的描述，当时出现异常的信号和设备都是在PCU02柜中（该柜控制设备包括锅炉FSSS系统设备和部分锅炉、汽轮机、电气系统的DAS信号），因该柜模件离线停止工作引起。而该柜模件离线原因是该柜右路电源模块工作出现异常，导致电源监视模块PFI保护动作，停止了该柜内所有模件工作（状态灯显示红色），使相关设备和系统参数失去监控。

综合前述事件经过“故障时暖通系统故障停运，控制室温度高达30℃以上，右路电源工作状态灯在绿色和红色间来回变化（大约间隔3s）和热工人员抽出异常的电源模件，手触摸烫手（温度高于正常电源模件），更换故障电源模件后CRT数据回复正常”等现象分析，事件原因最大的可能性是：右路电源模块内某元件（电容的可能性较大）温度特性较差［或是否存在某保护（比如电流大或浪涌保护），有待对电路的进一步了解］。在暖通系统故障停运、控制室环境温度高、电源模件散热慢、工作在温度的极限状态的情况下，该元件瞬间故障造成电源瞬间下跌，假设防反灌二极管的瞬间夹断时间有一个Δt（只是假设，见附件1），在此Δt时间内，母线电压瞬间下跌到PFI保护动作电压（经试验5V电压约为4.7V），引起PFI保护动作，停止所有模件工作。而在Δt时间后，防反灌二极管阻断，故障电源模件无输出电源，此时该故障模件内某故障元件（或保护）恢复，电源也随之恢复输出，如此反复，出现电源工作状态灯在绿色和红色间来回变化（这种现象厂家人员说以前未碰到过，故资料中也未提到）。而后将故障模件在其他控制柜内试验时，其温度已恢复到室温，没有再现故障时温度，因此电压测量正常。

由于给粉机停指令采用的是常闭触点，正常运行中的给粉机停指令继电器处于得电状态，当模件停止工作后导致给粉机停指令继电器处于失电状态，所有给粉机都跳闸，包括CCS在内的锅炉自动退出运行，全炉膛熄火。但由于FSSS系统模件停止工作，一期改造未设计MFT扩展继电器板，实现失电MFT触发功能，导致MFT未触发，进而低温保护未动作。

联系ABB公司对电源监视模件进行了测试，PFI动作电压测试结果为：+4.710V，+14.39V，−14.39V。

本次事件暴露出热工人员事件处理经验、热工控制系统和运行环境中存在一些不足，如：

热工人员故障处理经验不足，没有在第一时间测量故障时的各路电源电压，使故障原因的查找分析少了一个重要判据条件。

三型电源是1+1冗余，与外电路间设计有防反灌保护电路，通常一路电源模件故障不会影响系统的正常工作，但从本次故障现象看，显然与电源冗余的可靠性要求不符，其防反灌保护电路不能起到瞬间阻断保护作用。图A.24为电源模件输出至母线的电源连接图。

电源系统中的电源监视功能，其本身故障有可能会导致该柜模件均停止工作，同时其PFI保护功能增加了该柜模件均停止工作的故障概率。

控制室、电子室的环境条件差，当时环境温度高是该电源故障的一诱导因素，此外故障电源模件开盖检查，内部灰尘很多。

图 A.24　电源模件输出至母线的电源连接图

本次 FSSS 系统失电虽然连锁停运了给粉机，但未触发 MFT 动作去连锁停运相关辅机以及连锁关闭减温水门。

【防范措施】

电源模件输出至母线的电源线连接如不紧固，接触电阻增大发热，输出电流增大，有可能导致电源模件发热增加，模件盒内温度升高，元件至工作极限温度状态，从而诱发故障。因此建议利用停机机会，检查并确保电源模件输出至母线的电源线连接紧固，必要时进行锡焊处理。也可以在运行中，用红外线测温仪，检查各连接处温度是否一致，若某一接点温度高，则应查明原因，必要时做好反事故措施后进行紧固或焊锡处理。

为了防止电压下跌导致主模件工作异常，其二型电源中，设计带有 PFI 保护功能的单个电源监视模件；三型电源中同样设计有电源监视功能。详见图 A.25，它们的作用是监视给模件供电的+5V，+15V，−15V 电压，二路 1+1 冗余电源中，任何一路电源出现故障时发出声光报警信号，同时向监控系统发出 PFI 信号，将该模件柜中的所有主模件停止工作。但在运行中，往往由于 PFI 的误动作造成机组跳机，增加了对应控制柜模件均停止工作的故障概率（二型电源单个电源监视模件本

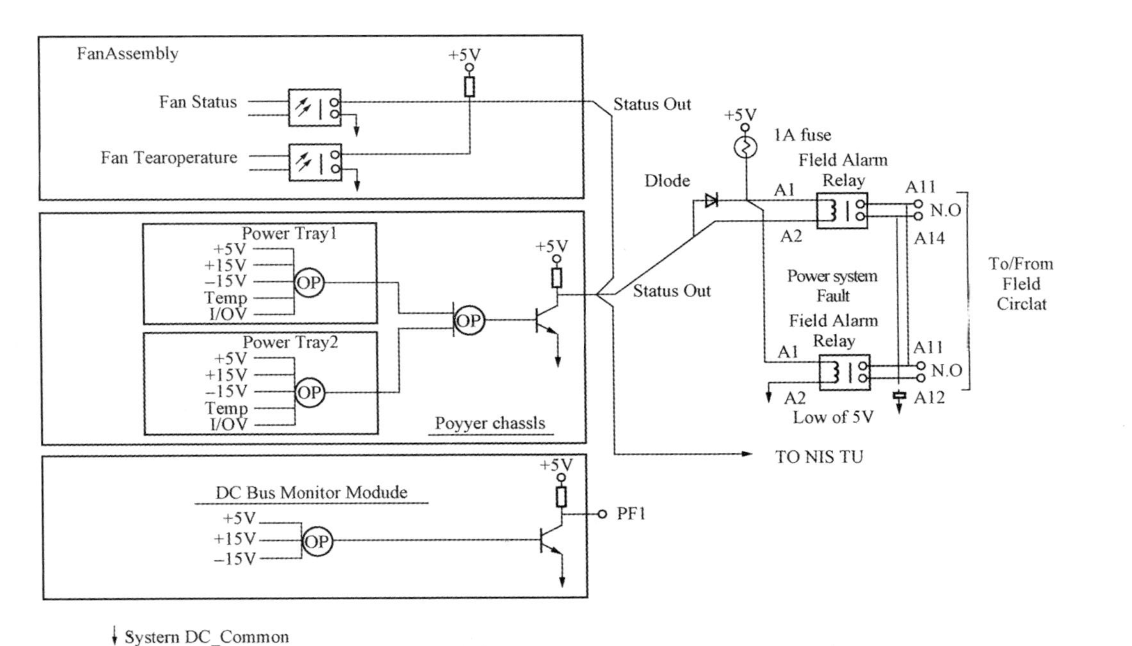

图 A.25　带有 PFI 保护功能的电源监视模件原理

身故障也有可能导致该柜模件均停止工作)。这方面的案例有发生，是机组运行中的一个安全隐患。为防止由于PFI的误动作造成机组非正常跳机，建议使用贝利公司控制系统的电厂，对电源系统进行检查、修改，拆除PFI保护功能连接。

拆除PFI保护功能连接的具体做法如图，用一个1kΩ 1/2W的电阻，两头压接上插接压线头(最好再锡焊)；拔出直流总线排上面的PFI插头(黄线)，用绝缘胶带包好；将该1kΩ电阻连接到直流总线+5V和PFI端子间。目的是让直流总线上的PFI信号端子始终保持+5V，使主模件工作不受PFI影响。图A.26为拆除PFI保护功能的连接。

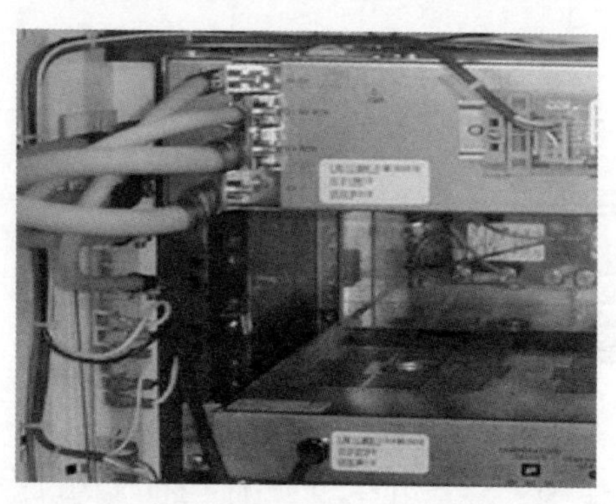

图A.26 拆除PFI保护功能的连接

为继续保证电源监视报警功能，完成上述工作的同时，检查电源系统在环路上的故障报警组态，如不正确进行修正，确保电源系统在环路上能可靠地故障报警。(注意：该报警表示机柜失去一路电源或风扇或有一个电源模件故障，或者机柜超温报警，是机柜报警的综合信号)。

此外可以考虑增加一个继电器，接上前绝缘胶带包好的PFI插头和电源零线，继电器接点通过DI端子引入DCS报警，但PFI输出的5V电压是否可直接带动继电器需试验确认。

联系ABB公司对故障模件进行测试，给出试验结果和电源冗余供电失败原因的明确说明以及防范措施。

对冗余电源的工作电流进行监视，工作电流变化（意味着系统或自身情况发生变化）时及时报警，提醒热工人员及时处理，以减少部分事件的发生或危害程度。

环境温度对电子元器件的工作特性有较大影响，因此要确保控制室、电子室的环境温度要求，夏季来临，请电厂对该工作引起重视。

针对本次FSSS系统失电未触发MFT动作的问题，请电厂结合以下建议组织控制逻辑完善专题讨论：

（1）增加MFT扩展继电器板，通过硬逻辑实现失电MFT功能。

（2）将MFT信号和低汽温信号引入DEH控制器，在DEH里实现低温保护。

（3）MFT信号关减温水门逻辑。

A.7 给煤机电源故障案例

【事件过程】

2011年1月，某电厂室外互感器损坏导致电网500kV系统接地故障，使得正在运行的本厂和周边电厂各一台600MW机组由于给煤机电源电压低跳闸（低电压最长时间为0.6s）。两台600MW机组同时停运，对电网安全运行构成巨大威胁，这种故障类似风力发电的低电压穿越过程，为此电网公司下达相关规定、要求电厂必须解决此类问题。

【事件原因】

施道克给煤机控制回路原理见图A.27。从图A.27可以看出，每台给煤机电源来自给煤机段送来的一路三相380V电源，分别送控制回路（经控制变压器）和变频器动力电源，见图

A. 27 中云线部分。当给煤机 380V 输入电源瞬间失去或电压过低时，将造成给煤机停运；当全部给煤机停止运行时，“给煤机停止”信号送至 DCS 的 MFT 逻辑，发出“全炉膛燃料丧失”的跳闸信号将机组跳闸。

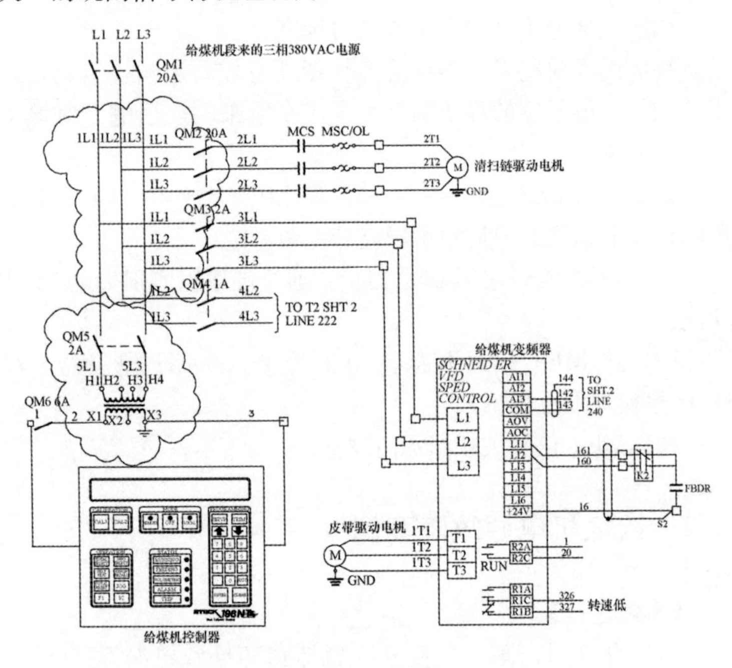

图 A. 27　给煤机供电和控制回路

对故障电厂给煤机的测试发现，当电压从 380V 降低到 310V 时，给煤机控制器发出给煤机停止信号。当全部给煤机瞬间停止运行后，触发锅炉保护（FSSS）的“全炉膛燃料丧失”，使机组跳闸；当给煤机变频器电压降至 210V 时，给煤机变频器发生低电压跳闸并报警。

从实际测试看，当给煤机电压降低到给煤机控制装置允许电压后，将发出给煤机跳闸信号，从而使给煤机停止运行；给煤机电源再降低时，将直接触发给煤机变频器跳闸；当全部给

煤机瞬间发生以上事件后，将导致“全炉膛燃料丧失”保护触发 MFT，使机组跳闸。

【防范措施】

电网瞬间电压降低或失电时间短（小于 2s）的，通过修改热控逻辑解决，具体见《中国电力》第 2 期《火电厂给煤机低电压穿越探讨》文章；对失电大于 2s 的系统，按本措施 2.7 给煤机交流电源款规定的执行。

A.8　交流电源切换装置及原理

A.8.1　交流电压切换开关原理

交流切换装置原理见图 A.28，主要是完成双路供电、一路输出的要求，根据需要可选用 ATS 或 STS 型。

(1) ATS 只完成双电源的自动转换功能，不具备短路、过负荷的保护能力。

(2) 短路保护，依靠 ATS 之前或之后的断路器来完成。

(3) 该断路器是为保护回路的设立的，无需为 ATS 单独设置保护断路器。

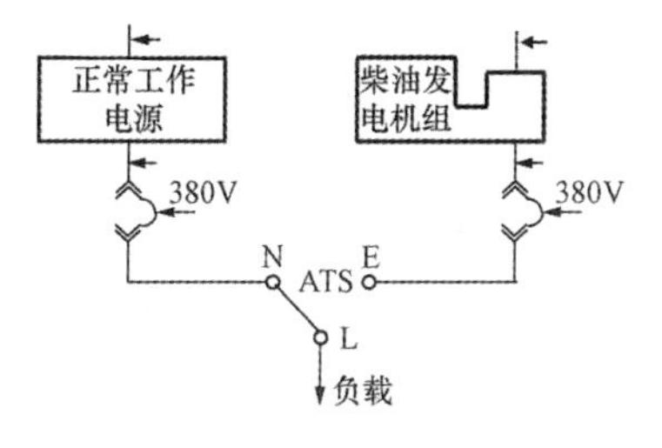

图 A.28　ATS 切换装置原理

(4) 在发生短路故障时，ATS 要有足够的闭合耐受力，直到断路器分断短路电流。

(5) 主要参数有：额定电流、额定接通能力、额定短时耐受电流。

(6) 额定短时耐受电流（I_{cw}）

PC 级 ATS 不具备保护能力，在发生短路故障时，要在一定的时间内可以忍受一定的短路电流通过，以下为 GB

14048.11 的要求：

（1）忍受时间——400A 及以下 ATS 至少要忍受 1.5 个周波时间，400A 以上要忍受 3 个周波时间；

（2）忍受电流——100A 及以下 ATS 可以忍受 5kA；100～500A 可以忍受 10kA；500～1000A 可以忍受 $20I_e$；1000A 以上可以忍受 $20I_e$ 或 50kA。ATS 切换过程波形见图 A.29。

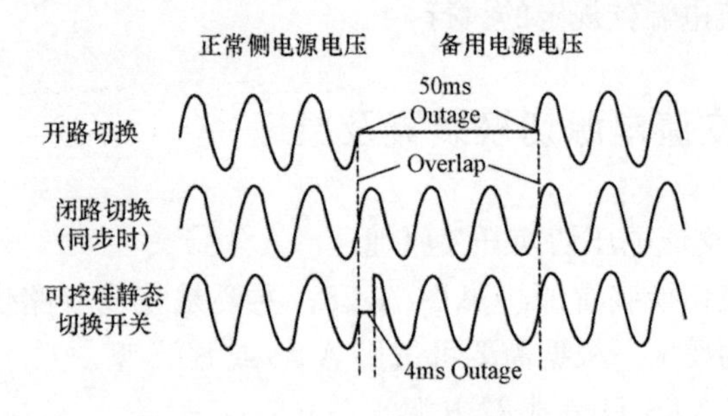

图 A.29 ATS 切换过程波形

A.8.2 常见的 ATS 开关——断路器式

图 A.30 为 ATS 切换开关外形。图 A.31 为 ATS 切换开关组合形式。

主要生产厂家有梅兰-日兰（法国）、ABB（瑞士）、西门子（德国）、金钟-默勒（德国）、罗格朗（法国）、康明斯（美国）。

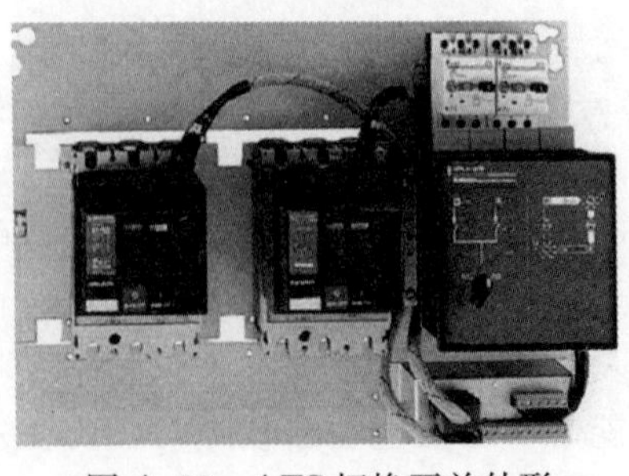

图 A.30 ATS 切换开关外形

（1）由两台断路器和一控制/连锁/驱动机构组成；

（2）电气性能由所选用的断路器决定，机械性能由控制/连锁/驱动机构来决定；

（3）因为连锁的是断路器的扳把，不能确定开关触头的真实情况；

（4）在断路器扳把损坏时，可能将两路供电电源连接在一起；

（5）因为连锁机构的位置限定作用，可能会阻碍断路器扳把在短路时的跳脱，所以应该归类为PC级（只完成转换、不具备保护功能）的ATS；

（6）制作技术简单，很多厂家可以采购断路器自行组装生产。

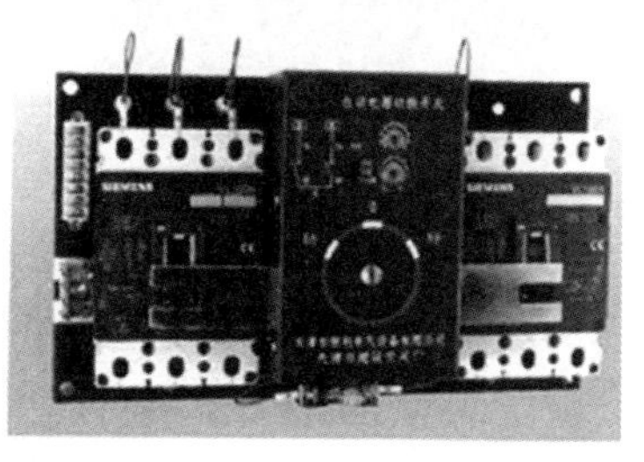

图A.31 ATS切换开关组合形式

A.8.3 常见的ATS开关——负荷开关式

图A.32为ATS切换开关——负荷开关式。

主要生产厂家有斯沃（中国沈阳）、新菱（江苏）、溯高美（法国）、波特漫（瑞典）。

图A.33为ATS切换开关——负荷开关切换示意。

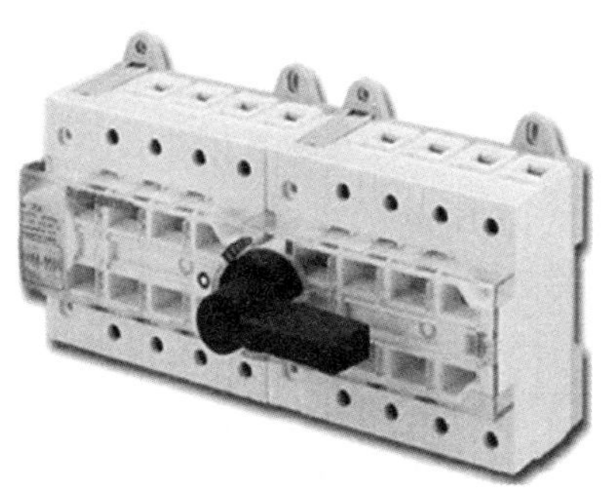

图A.32 ATS切换开关一负荷开关式

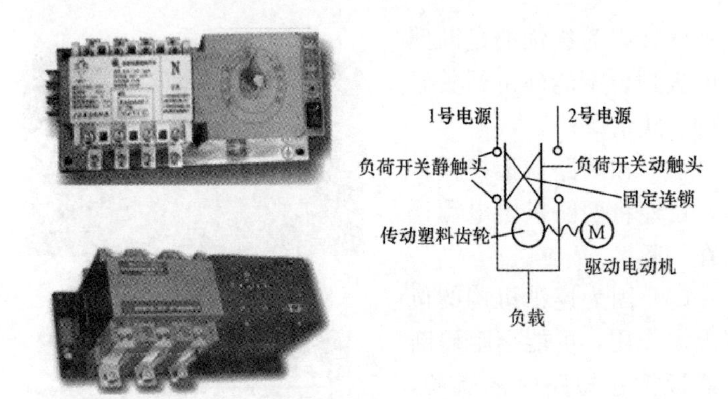

图 A.33 ATS切换开关——负荷开关式切换示意

A.8.4 常见的ATS开关——双掷式

图 A.34 为 ATS 切换开关——双掷式。

图 A.34 ATS切换开关——双掷式

图 A.35 为 ATS 切换开关——单刀双掷式。

A.8.5 静态开关工作原理

静态开关（STS）切换原理见图 A.36，为了提高切换的可靠性，新的STS采用双极切换。切换回路主要是采用可控硅电力电子元件，同步切换时间小于5ms，异步切换小于8ms，满足控制系统快速切换要求。

①单刀双掷，类似与“跟头闸”；
②电磁驱动，固有机械保持机构。

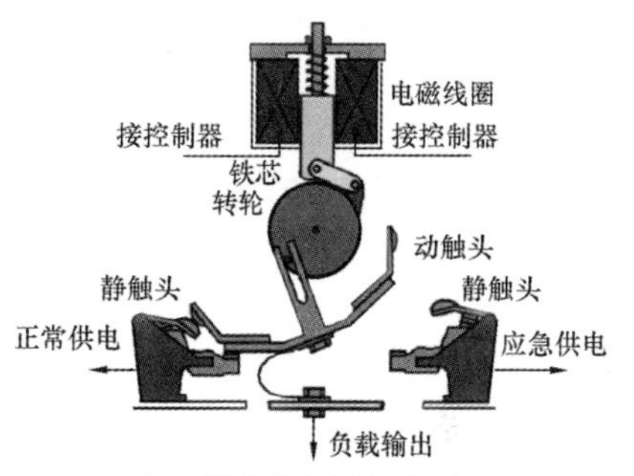

①电磁线圈仅在转换时激励；
②由配套的控制器独立完成电源侦测、转换等控制。

图 A. 35 ATS 切换开关——单刀双掷式

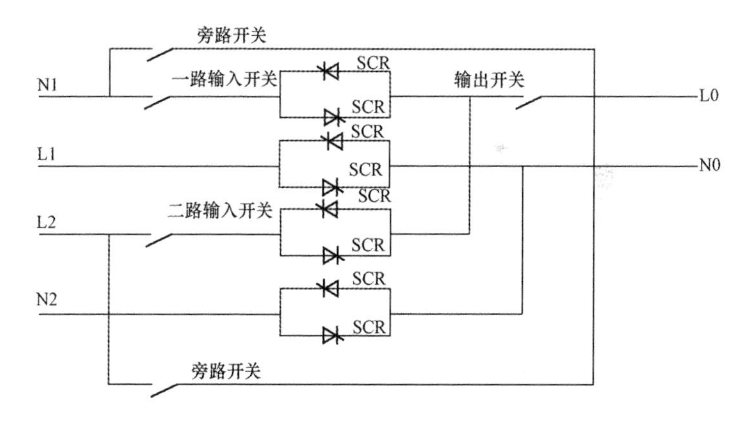

图 A. 36 STS 切换装置原理

附录 B　DL/T 5455—2012 火力发电厂热工电源及气源系统设计技术规程

1　总　　则

1.0.1　为了规范火力发电厂仪表与控制电源及气源系统的设计，使仪表与控制设备的电源系统和气源系统满足安全可靠、技术先进、经济合理的要求，同时便于施工和维护，制定本规程。

1.0.2　本规程适用于汽轮发电机组容量为 125MW 级至 1000MW 级机组的凝汽式火力发电厂和 50MW 级及以上供热式机组的热电厂仪表与控制电源系统及气源系统的设计。

1.0.3　仪表与控制电源及气源系统的设计应选用技术先进、质量可靠的设备和元器件。对于涉及安全与机组保护的仪表与控制新产品新技术，应在取得成功应用经验后方可在设计中采用。在条件合适时，应优先使用标准系列产品。

1.0.4　仪表与控制电源及气源系统的设计应确保用电/用气对象安全可靠运行，满足维护检修的需要并符合电厂的运行安全规范。

1.0.5　仪表与控制电源及气源系统的设计应根据火力发电厂供配电/气系统的特点、用电/用气设备的性能以及过程监视控制的要求合理选择方案和设备。

1.0.6　仪表与控制电源及气源系统的设计除应符合本规程外，尚应符合国家现行有关标准的规定。

2 术　　语

2.0.1 执行机构 actuator

将控制信号转换成相应的运动，改变或控制阀门或挡板开度的装置或机构。该信号或驱动力可以是气动、电动、液动或它们的任何一种组合。

2.0.2 隔离开关 switch-disconnector

在断开状态下能符合规定的隔离功能要求的机械开关。

注：隔离开关能接通、分断和隔离电路。能承载正常多路条件下的电流，也能在一定时间内承载非正常多路条件下的电流（短路电流）。

2.0.3 熔断器 fuse

当电流超过规定值足够长的时间，通过熔断一个和几个成比例的特殊设计的熔体分断此电流，由此断开其所接入的电路的装置。熔断器由形成完整装置的所有部件组成。

2.0.4 熔断器支持件 fuse-holder

熔断器底座及载熔件的组合。

2.0.5 熔断体 fuse-link

带有熔体的熔断器部件，在熔断器熔断后可以更换。

2.0.6 耗气量 air consumption

气动仪表、元件或控制设备为完成给定动作在规定时间内所消耗的标准状态空气量，以每小时标准立方米（Nm^3/h）表示。

2.0.7 静态耗气量 static air consumption

气动仪表、元件或控制设备在稳定工作时所消耗的空气流量。

2.0.8 动态耗气量 dynamic air consumption

气动元件或控制设备在完成某一动作的过程中所消耗的空气流量。

3 仪表与控制电源系统

3.1 供电范围、电源类型及电能质量

3.1.1 仪表与控制电源系统的供电应包括下列范围：

1 仪表。

2 电动执行机构、电磁阀。

3 分散控制系统。

4 可编程控制系统。

5 仪表取样管路的电伴热系统。

6 仪表与控制设备的检修电源和照明电源。

7 其他检测装置、控制系统和被控设备。

3.1.2 仪表与控制电源宜按电压等级及供电性质分为以下类型：

1 交流380V保安电源。

2 交流380V厂用电源。

3 交流220V不间断电源。

4 交流220V保安电源。

5 交流220V厂用电源。

6 直流220V电源。

7 直流110V电源。

8 直流48V电源。

9 直流24V电源。

3.1.3 仪表与控制电源系统的电能质量应满足下列要求：

1 供电电能质量应高于仪表和控制系统对电源质量的要求，即电源的电压、交流电源的频率与波形失真、直流电源的稳压精度等指标应优于用电设备的要求。

2 对电源的电能质量有特殊要求的仪表与控制设备，应配备专用电源设备，其电能质量指标应满足用电设备的要求。

3 380V 交流电源电能质量应满足下列要求：

1）电压：380V±5%；

2）频率：50Hz±0.5Hz。

4 220V 交流不间断电源电能质量应满足下列要求：

1）动态电压瞬变范围：220V±10%；

2）输出频率：50Hz±0.2Hz；

3）电压波形失真度：≤3%；

4）总切换时间：≤4ms。

5 220V 交流电源电能质量应满足下列要求：

1）电压：220V±5%；

2）频率：50Hz±0.5Hz。

6 直流电源电能质量应满足下列要求：

1）220V 直流电压：$220V^{+10\%}_{-12.5\%}$；

2）210V 直流电压：$110V^{+10\%}_{-12.5\%}$；

3）24V 直流电源电压：24V±1V；

4）48V 直流电源电压：48V±2V。

3.2 负荷分类及供电要求

3.2.1 仪表与控制电源系统的负荷应按以下原则进行分类：

1 仪表与控制电源的负荷宜按对工艺过程安全运行的影响程度进行分类。

2 仪表与控制电源的常规负荷宜采用以下方式分类：

1）重要负荷：机组在启停和运行过程中短时停电可能影响机组或设备安全运行监视和控制，甚至会造成事故的仪表与控制设备负荷。

2）次要负荷：机组在启停和运行过程中允许短时停电的仪表与控制设备负荷。

3）一般负荷：停电时间稍长不会直接影响生产运行的负荷。

3 仪表与控制不间断电源负荷及保安负荷宜采用以下方式分类：

1）交流不间断电源负荷：机组在启动、运行及停机过程中供电电源不能中断，或中断时间大于继电器（或接触器）作备用电源切换装置的动作时间，会造成因仪表与控制设备不能正常工作而导致机组不能正常运行的负荷，以及对供电电源品质，包括电压、频率、波形等要求高的负荷。

2）直流保安负荷：机组在全厂事故停电时，为保证机炉设备安全停运，或在停运过程中需及时操作而要求连续供电的直流负荷。

3）交流保安负荷：机组在全厂事故停电时，为保证机炉设备安全停运，或在停运过程中需及时操作而要求连续供电的交流负荷。

4 常用仪表与控制设备电源负荷可按表 3.2.1 进行分类。

表 3.2.1 常用仪表与控制设备电源负荷分类表

序号	名称	交流不间断电源负荷	直流电源负荷	交流保安电源负荷	重要负荷	次要负荷	一般负荷	备注
1	机组分散控制系统	√						
2	机组其他控制系统，如汽轮机数字电液控制系统、汽轮机跳闸保护系统等	√						
3	在全厂停电时，为保证机组安全停运，需连续供电的仪表及检测装置，如汽包水位电视系统、炉膛火焰电视系统、锅炉火焰检测装置、汽轮机安全监视仪表等	√						

续表

序号	名称	交流不间断电源负荷	直流电源负荷	交流保安电源负荷	重要负荷	次要负荷	一般负荷	备注
4	用于保护连锁回路失电动作的控制设备，如抽汽逆止门、磨煤机出口快关门，跳闸电磁阀等	√						
5	火灾报警系统及防火阀	√						
6	可燃气体及有毒气体检测报警系统，如天然气、煤气、氢、氨等	√						可单配UPS
7	机组保护连锁系统的直流电磁阀		√					
8	直流继电器构成的保护连锁系统		√					
9	其他直流控制操作设备		√					
10	全厂停电时，为保证机组安全停运，需连续供电的控制设备，如汽机真空破坏门、抽汽阀、疏水阀、锅炉排汽门、风机和水泵的进出口阀门等			√				
11	模拟量控制系统用电动执行机构、锅炉风箱风门挡板、摆动喷嘴			√				

续表

序号	名称	交流不间断电源负荷	直流电源负荷	交流保安电源负荷	重要负荷	次要负荷	一般负荷	备注
12	重要控制和检测装置，如吹灰程序控制系统、旋转机械瞬态数据管理系统、锅炉高能点火器、炉管泄漏检测装置、空气预热器间隙控制、烟气温度探针、凝汽器泄漏检测、汽机阀门试验电磁阀等				√			
13	易燃、易爆、有毒气体等危险区域的仪表及控制系统，如制氢站、氨区等				√			宜单配UPS
14	重要辅助车间的仪表及控制系统，如化学水处理、燃油泵房、除灰、除渣系统等				√			宜单配UPS
15	其他停电时间不能超过数秒的监控设备				√			
16	可断续运行的用电设备，如锅炉吹灰、定期排污配电柜					√		
17	其他辅助车间控制系统					√		
18	运行中无需连续经常使用的仪表及控制设备，如保温箱加热、仪表管伴热等						√	

续表

序号	名称	交流不间断电源负荷	直流电源负荷	交流保安电源负荷	重要负荷	次要负荷	一般负荷	备注
19	停电对运行和停机没有影响的电动阀门，如锅炉上水泵出口门、除氧器上水门、试验检修用阀门等						✓	
20	盘柜内照明及检修电源						✓	

3.2.2 仪表与控制系统的供电应符合下列要求：

1 重要负荷：应采用双路电源供电，备用电源宜采用自动投入方式。两路电源宜分别来自厂用电源系统的不同母线段。

2 次要负荷：应采用双路电源供电，备用电源可采用自动切换方式，在不影响运行监视和控制的前提下，也可采用手动切换方式。两路电源宜分别来自厂用电源系统的不同母线段。

3 一般负荷：可采用单路电源供电，电源宜来自厂用电源系统。

4 交流不间断电源负荷：应采用双路电源供电，备用电源应采用自动切换方式。两路电源中应有一路来自交流不间断电源。

5 直流保安负荷：应采用两路直流电源供电，备用电源应采用自动切换方式。两路直流电源宜分别来自不同的直流蓄电池组。

6 交流保安负荷：应采用双路电源供电，备用电源宜采用自动切换方式。两路电源中至少一路来自厂用交流保安电源。

3.3 交流380V电源

3.3.1 交流380V电源系统的供电宜采用三相四线制（TN或TT系统）或三相三线制（IT系统）。

3.3.2 单元机组主厂房交流380V配电柜宜按锅炉、汽轮机及除氧给水系统分组；根据工程情况，也可结合用电对象的位置布置。

3.3.3 锅炉、汽轮机及除氧给水系统的调节型电动执行机构以及在机组安全停运过程中需要操作的开关型电动执行机构，宜单独设置交流380V配电柜。

3.3.4 交流380V配电柜的供电应符合下列要求：

1 机组调节型电动执行机构以及在机组安全停运过程中需要操作的开关型电动执行机构配电柜的两路电源，宜分别引自厂用低压工作母线和交流保安电源母线。

2 其他电动执行机构配电柜的两路电源，宜分别引自厂用低压工作母线的不同段。

3 母管制或扩大单元制除氧给水系统配电柜的两路电源，宜分别引自厂用电公用系统的不同母线段或不同机组的厂用电母线。

4 减压减温和热网等全厂公用设备的配电柜，其两路电源宜分别引自厂用电公用系统的不同母线段或不同机组的厂用电母线。

5 辅助车间配电柜的两路电源，宜引自相应辅助车间的动力配电母线的不同段，条件不具备时，也可引自同一段配电母线。

6 脱硫系统配电柜的供电，应符合现行行业标准《火力发电厂烟气脱硫设计技术规程》DL/T 5196的规定。

7 所有配电柜组的供电电源，宜直接引自厂用电源系统。

3.3.5 交流380V配电柜有两路电源进线时，应有防止两路电源并列运行的措施。

3.3.6 交流380V配电柜的两路电源互为备用，可设自动切换装置，切换时间应满足用电设备安全运行的需要。

3.3.7 交流380V电源系统的配电应符合下列要求：

1 配电柜内各电动执行机构及其他用电对象，应由独立馈电回路供电。配电柜内还应留有适当的备用馈电回路。

2 配电柜内馈电回路的配置，宜根据用电对象所属工艺系统、用电对象间的相互关系及地理位置等因素综合考虑确定。

3 配电柜可分为抽屉式配电柜和固定式配电柜：

1）抽屉式配电柜用于未配有功率控制部分的电动执行机构的供电。每个电动执行机构的馈电回路中，应装设运行/调试切换开关，调试用开、关、停按钮，阀位指示灯，以及相应的保护和控制设备；

2）固定式配电柜用于配有功率控制部分的电动执行机构或其他仪表控制设备的供电，每个馈电回路中，应装设隔离电器和保护断路设备。

3.4 交流220V电源

3.4.1 交流220V电源系统的供电宜采用单相二线制（TN—C或TT系统）或单相三线制系统（TN系统）。

3.4.2 仪表与控制电源盘的供电应符合下列要求：

1 交流220V电源盘应有两路电源进线。

2 对于接有不间断电源负荷的电源盘的两路电源，一路应引自交流不间断电源，另一路引自交流保安电源或第二套交流不间断电源。

3 除接有不间断电源负荷的电源盘外，其他单元机组仪表与控制交流 220V 电源盘的两路电源，宜引自低压厂用母线不同段，其中一路也可引自交流保安电源。

4 多台机组公用系统的交流 220V 电源盘，两路电源宜分别直接引自不同机组的低压厂用母线，或其中一路引自交流保安电源。

5 母管制机组或扩大单元制除氧给水系统的交流 220V 电源盘，两路电源宜分别引自厂用电公用系统的不同母线段或不同机组的厂用电母线。

6 锅炉火焰检测装置、汽轮机监视仪表等重要检测装置的供电，应各有两路电源，一路应引自交流不间断电源，另一路可引自交流保安电源或第二套交流不间断电源。

3.4.3 控制和保护系统的供电应满足下列要求：

1 机组分散控制系统、汽轮机数字电液控制系统，应各有两路电源，其中一路应引自交流不间断电源，另一路可引自交流保安电源或第二套交流不间断电源。当汽轮机数字电液控制系统与机组分散控制系统采用相同硬件时，也可统一设置电源系统。

2 锅炉保护系统、汽轮机跳闸保护系统应各有两路电源，其中一路应引自交流不间断电源或直流电源，另一路应引自交流保安电源或第二套交流不间断电源或直流电源。

3 空冷控制系统的供电，宜与单元机组分散控制系统统一设计。

4 脱硫控制系统的供电，应符合现行行业标准《火力发电厂烟气脱硫设计技术规程》DL/T 5196 的规定。

5 其他布置在主厂房外的分散控制系统远程柜，可采用车间供电方式，由相应辅助车间的动力配电母线不同段供电，其中一路宜配置独立的交流不间断电源装置。

6 机组分散控制系统、汽轮机数字电液控制系统、锅炉保护系统、汽轮机跳闸保护系统的供电电源宜直接引自低压厂

用电系统配电盘。

7 多台机组公用分散控制系统应有两路电源，宜分别引自不同机组的交流不间断电源。

8 辅助车间集中控制网络应有两路电源，宜分别引自不同机组的交流不间断电源。当辅助车间集中控制网络服务器不在主厂房内布置时，由相应辅助车间的动力配电母线不同段供电，其中一路宜配置独立的交流不间断电源装置。

9 各辅助车间控制系统均应有两路电源，宜分别引自相应辅助车间低压厂用电源系统配电柜，重要辅助车间的控制系统，宜配置独立的交流不间断电源装置。

3.4.4 其他仪表和控制设备的供电应符合下列要求：

1 仪表和控制盘柜内的检修电源和照明电源宜合并设置，供电电源宜直接引自厂用电系统照明电源，并应符合现行行业标准《火力发电厂和变电站照明设计技术规定》DL/T 5390—2007 7.6、10.6.6、10.9 的要求。

2 仪表和测量管路电伴热系统的供电电源，宜采用单相三线制系统供电。

3.4.5 电源盘有两路电源进线时，应有防止两路电源并列运行的措施。

3.4.6 当工作电源故障需及时切换至另一路电源时，宜设自动切换装置，切换时间应满足用电设备安全运行的需要。

3.4.7 交流 220V 电源系统的配电应符合下列要求：

1 仪表与控制电源负荷宜采用专用电源盘供电，根据用电负荷的容量和特性，可设置总电源盘和分电源盘进行供电。对用电负荷较大的设备宜由总电源盘直接供电。

2 电源盘的所有馈电支路均应装设隔离电器和保护断路设备。

3 电源盘的馈电回路，应设置适当的备用馈电回路。

4 就地布置的电源盘和配电柜宜设盘（柜）内照明。

5 就地布置的电源盘和配电柜内宜设置检修用交流220V电源插座。

3.5 直流电源

3.5.1 直流电源系统的供电应符合下列要求：

1 直流110V(220V)电源应是由直流蓄电池组供电的不接地两线制电源。

2 直流110V(220V)电源，电源盘的母线段应从相应蓄电池组的不同母线段引接两路电源进线。当有两组蓄电池时，两路电源进线应分别引自不同蓄电池组的母线段。对要求提供两路电源的设备，电源盘内可设置两段进线母线，每段进线母线分别引接一路电源进线。

3 电源盘供电母线的两路电源进线应设有备用自投功能。

4 两路电源应有防止并列运行的措施，对来自不同蓄电池组的两路直流电源应具有隔离措施。

5 当锅炉保护系统、汽轮机跳闸保护系统等系统的跳闸回路采用直流供电时，应各有两路直流220V(或110V)供电电源，直接接自蓄电池直流盘。两路电源宜分别提供给互为冗余的两个跳闸回路。

6 直流24V电源宜采用220V(AC)/24V(DC)稳压装置，由交流220V电源转换而来。对冗余配置的直流24V电源应有防止并列的措施。

3.5.2 直流电源盘内所有馈电支路均应装设隔离电器和保护断路设备，并留有适当的备用馈电回路。

3.6 负荷计算

3.6.1 交流380V电源负荷按下列原则计算：

1 交流380V电源配电柜的用电负荷包括调节型电动执行机构、开关型电动执行机构和少量电阻型负荷等，电源负荷可

根据负荷特性进行分类统计。

2 配电柜的用电负荷，一般按接入负荷的同时率考虑，并应考虑备用负荷。

3.6.2 交流220V电源负荷按下列原则计算：

1 仪表与控制设备交流220V电源的负荷按经常负荷统计。

2 电源盘的用电负荷，应考虑备用回路可能出现的负荷。

3 交流220V电源的用电负荷为所有各供电支路额定负荷的总和。

3.6.3 直流110V(220V)电源负荷按下列原则计算：

1 直流110V(220V)电源的用电负荷按所有供电支路额定负荷的总和计算。

2 直流电源盘的用电负荷，应考虑备用回路的负荷。

3.6.4 各类用电负荷容量可按下列原则统计和计算：

1 开关型电动执行机构的负荷容量可按以下公式计算：

$$P_1 = K_t \sum P_{e1} \tag{3.6.4-1}$$

式中：$\sum P_{e1}$——系统中所有开关型电动执行机构（含备用）额定功率总和（kW）；

K_t——同时率，同时率按以下公式计算：

$$\text{同时率}\ K_t = \frac{\sum P_{ee}}{\sum P_{e1}} \tag{3.6.4-2}$$

式中：$\sum P_{ee}$——分别计算各种工况下同时动作的电动执行机构（含备用）的额定功率总和（kW），取最大值。

2 调节型电动执行机构的负荷容量可按以下公式计算：

$$P_2 = \sum P_{e2} \tag{3.6.4-3}$$

式中：$\sum P_{e2}$——系统中所有调节型电动执行机构（含备用）额定功率总和（kW）。

3 电阻型负荷容量按以下公式计算：

$$P_3 = \sum P_{e3} \tag{3.6.4-4}$$

式中：$\sum P_{e3}$——系统中所有电阻型负荷（含备用）额定功率总和（kW）。

4 每组配电柜用电负荷容量统计为：

$$P = P_1 + P_2 + P_3 \quad (3.6.4\text{-}5)$$

3.7 电源监视

3.7.1 应按下列原则设置电源监视：

仪表与控制设备的交流380V电源、交流220V电源、直流220V(110V)电源、直流24V电源、直流48V电源的配电柜和电源盘，应设置电源监视回路。

3.7.2 电源监视设计应符合下列要求：

1 配电柜和电源盘应装设下列电源监视仪表：

1） 母线电压表；

2） 母线电压消失远传报警继电器。

2 当需要监视进线电源电压和/或进线开关状态时，可设置进线电压消失远传报警继电器和/或增加表征进线开关状态的辅助接点。

3 配电柜和电源盘的失电报警信号和电源开关状态信号宜送入分散控制系统。

4 分散控制系统的电源报警信号宜接入控制室独立的声光报警装置，声光报警装置的电源由交流不间断电源供电。

5 汽轮机数字电液控制系统、汽轮机跳闸保护系统、汽轮机监视仪表等重要系统的电源报警信号可送入机组分散控制系统。

3.8 设备配置与选择

3.8.1 电器设备配置应符合下列要求：

1 电压为110V及以上的交流或直流电源系统中，应在下列地点设置隔离开关：

1）配电柜、电源盘的电源进线侧；

2）分电源盘的进线侧。

2 各交流或直流电源回路的馈电侧应装设断路器或熔断器式隔离开关。

3 保护电器的极数选择应符合现行国家标准《低压配电设计规范》GB 50054—2011 要求。

4 保护电器的选择应满足各级保护电器动作时间的选择性要求，同时要考虑上、下级差配合。

5 配电柜、电源盘互为备用的两路电源进线自动切换时宜采用先断后合的方式，条件具备时也可采用先合后断的方式，手动切换时应采用双向切换开关或采取两路电源相互闭锁的措施。

6 同一电源盘上不宜同时配置不同电压等级和不同类别的电源配电设备。

7 仪表与控制设备用直流 24V 电源可采用 220V(AC)/24V(DC)的稳压电源装置实现，当电源可靠性要求较高时，可采用两台稳压电源冗余配置，并将其输出通过切换装置输出至用电负荷。有条件时，两台稳压电源装置宜由两路不同段母线供电。

8 仪表和测量管路的每路电伴热供电回路宜设漏电保护装置。

3.8.2 设备的选择应符合下列要求：

1 电器的额定电压和额定频率，应符合所在电力网络的额定电压和额定频率。

2 电器的额定电流应大于所在回路的最大连续负荷计算电流。

3 断路器的脱扣曲线应满足电路保护特性的要求。

4 断开短路电流的电器应具有短路时良好的分断能力。

5 外壳防护等级应满足环境条件的要求。

3.8.3 隔离开关选择应符合下列要求：

1 仪表与控制电源系统进线开关宜选用隔离开关。

2 隔离开关的额定电压应与所在回路的标称电压相适应。

3 隔离开关的额定电流应大于所供全部设备中可能同时工作的设备的额定电流之和。

4 隔离开关应根据所带负载的特性，选择相应的使用类别。隔离开关各种用途的使用类别的选择应符合现行国家标准《低压开关设备和控制设备第3部分：开关、隔离器、隔离开关及熔断器组合电器》GB 14048.3的要求。

3.8.4 熔断器选择应符合下列要求：

1 熔断器的额定电压应与所在回路的标称电压相适应。

2 熔断体的额定电流 I_n 应大于等于所在回路的工作电流，熔断器支持件的额定电流应大于熔断体的额定电流。

3 熔断体应根据所带负载的特性，选择相应的分断范围和使用类别。

4 采用熔断器做保护电器时，应设隔离开关，也可采用熔断器和开关合一的熔断器开关。

5 熔断器断流能力应满足电源系统短路电流的要求。

6 直接接地电源系统中的单相电源，N线上不应装设熔断体。

7 熔断器分断范围与使用类别的选择应符合现行国家标准《低压熔断器第1部分：基本要求》GB 13539.1的要求。

3.8.5 断路器选择应符合下列要求：

1 断路器的额定电压应与所在回路的标称电压相适应。

2 断路器脱扣器的额定电流应大于所在回路的额定工作电流，并应根据所带负载特性，选择相适应的脱扣特性、分断范围和使用类别。

3 断路器分断能力应满足电源系统短路电流的要求。

4 断路器宜选用具有短路保护的热磁脱扣器。

3.8.6　导体截面的选择应符合下列要求：

1　电缆的允许载流量应大于回路的工作电流。空气中敷设的电力电缆100%载流量可按现行国家标准《电力工程电缆设计规范》GB 50217的规定取值。

2　导体截面的选择应满足现行国家标准《电力工程电缆设计规范》GB 50217的要求。

3　检修照明分支线采用铜芯绝缘电线或电缆，截面不应小于2.5mm^2。

3.8.7　电源保护接地线、中性线或保护接地中性线系统的电缆导体截面的选择应符合现行国家标准《电力工程电缆设计规范》GB 50217的要求，可按现行电缆国家标准《电力工程电缆设计规范》GB 50217和《低压配电设计规范》GB 50054—1995的规定取值。

3.8.8　配电柜、电源盘的选择符合下列要求：

1　配电柜、电源盘及柜内电器设备宜采用专用或标准产品。

2　配电柜、电源盘应根据装设区域的具体情况，按以下原则选择适当的防护等级：

1）配电间内安装：IP23；

2）厂房内安装：IP54及以上；

3）厂房外露天安装：IP56及以上。

4 仪表与控制气源系统

4.1 仪表与控制气源品质要求和用气量统计及计算

4.1.1 气动仪表、电气定位器、气动调节阀、气动开关阀等应采用仪表与控制气源，仪表连续吹扫取样防堵装置宜采用仪表与控制气源。

4.1.2 气源装置提供的仪表与控制气源必须经过除油、除水、除尘、干燥等空气净化处理，其气源品质应符合以下要求：

1 供气压力：0.5MPa～0.8MPa。

2 露点：工作压力下的露点温度应比工作环境的下限值低10℃。

3 含尘：气源中含尘微粒直径应不大于3μm，含尘量应不大于1mg/m³。

4 含油：气源中油分含量应不大于8ppm$_w$。

5 仪表与控制气源中应不含易燃、易爆、有毒、有害及腐蚀性气体或蒸汽。

4.1.3 仪表与控制气源装置的运行总容量应能满足仪表与控制气动仪表和设备的最大耗气量。

4.1.4 当气源装置停用时，仪表与控制用压缩空气系统的贮气罐的容量，应能维持不小于5min的耗气量。

4.1.5 仪表与控制用气气源装置的设计容量应满足气动仪表与控制设备的负荷要求，仪表与控制气源系统的计算流量应以各用气设备的最大耗气量为依据，按下式计算：

$$Q = K_1 \sum Q_c \tag{4.1.5}$$

式中：Q——计算流量，N·m³/min；

K_1——损耗系数，可取1.5；

$\sum Q_c$ ——各用气设备最大耗气量总量，Nm^3/min。

4.1.6 对于每个气动控制设备，其总耗气量可按照下列公式计算：

$$Q_t = Q_j + Q_d \quad (4.1.6\text{-}1)$$

式中：Q_t ——总耗气量，Nm^3/h；

Q_j ——静态耗气量，Nm^3/h；

Q_d ——动态耗气量，Nm^3/h。

对于静态耗气量 Q_j，调节型气动执行器静态耗气量可根据定位器的耗气量数值估算，开关型气动执行器静态耗气量数值可取零；

对于动态耗气量 Q_d，可按照下列公式计算：

$$Q_d = V \times n \times \frac{9.87 \times (273 + 20) \times p}{(273 + t)} \quad (4.1.6\text{-}2)$$

式中：Q_d——动态耗气量，Nm^3/h；

V——作动容积，m^3；

p——压缩空气的工作压力，MPa；

n——作动频率，次/h。

4.1.7 仪表与控制设备总耗气量可按照以下公式计算：

$$\sum Q_c = K_a(\sum Q_{p1} + K_b \sum Q_{p2} + \sum Q_{p3}) \quad (4.1.7)$$

式中：$\sum Q_c$ ——仪表与控制设备最大耗气量总量，Nm^3/min；

$\sum Q_{p1}$ —— 所有调节型气动执行器耗气量之和，Nm^3/min；

$\sum Q_{p2}$ —— 所有开关型气动执行器耗气量之和，Nm^3/min；

$\sum Q_{p3}$ —— 所有气动仪表及气动元件耗气量之和，Nm^3/min；

K_b ——动作同时率（可按50%～80%选取），%；

K_a ——备用系数（由新增的用气设备数量、系统裕量、仪表管路损失等因素确定，可按120%～

150%选取)，%。

4.1.8 仪表与控制设备总耗气量宜采用汇总方法计算和统计。各仪表与控制设备的耗气量应为标准状态（101.33kPa，20℃）下的耗气量。

4.2 配气网络和设备配置

4.2.1 仪表与控制用压缩空气至主厂房及各辅助车间的供气母管，对300MW及以上机组宜采用双母管；对200MW及以下机组可采用环状管网或双母管供气。

4.2.2 配气网络中分支配气母管宜采用单母管供气方式或单母管环形供气方式。采用单母管供气方式或单母管环形供气方式的分支配气母管的气源应引自配气网络的供气双母管。

4.2.3 对分散布置或者耗气量波动较大的用气设备宜采用单线配气方式供气。当用气设备布置较为集中时，可根据用气设备的分布情况设置气源分配器，至各用气设备的配气支管从气源分配器引出。

4.2.4 配气网络隔离阀、过滤减压阀等设备配置应符合下列规定：

1 以下地点应装设气源隔离阀门：

1） 供气母管的进气侧；

2） 分支配气母管的进气侧，即：供气母管至分支配气母管的供气侧；

3） 各配气支管的进气侧；

4） 各用气仪表及用气设备过滤减压装置前。

2 每个功能独立的用气设备前应安装空气过滤减压阀，各空气过滤减压阀应尽量靠近供气点。对用气点集中的场合，可采用有互为备用的大容量集中过滤减压装置。

3 各用气设备的气源隔离阀应安装在空气过滤减压器上游侧，并尽量靠近各空气过滤减压器。当采用集中过滤减压装

置时，集中过滤减压装置的前、后端及集中过滤减压装置下游侧的每个支路上应安装气源隔离阀。

4 用于机组重要保护的用气设备可装设专用的小型储气罐。

4.2.5 配气网络仪表设置应符合下列规定：

1 配气网络中的供气母管，包括至锅炉、汽机、化学、除灰、脱硫、脱硝等工艺系统上应安装压力测量装置。

2 配气网络中的配气分支母管上应安装就地压力表。当采用集中过滤减压装置时，其气源引入侧及引出侧应安装就地压力表。

3 仪用压缩空气母管压力低时应在集中控制室进行报警。

4.2.6 配气网络的管路选择及管路敷设应符合下列规定：

1 配气支管的管径，应根据用气设备的选型及耗气量确定，最小规格宜为 DN6。

2 分支配气母管的管径选取范围可按照表 4.2.6 确定。特殊供气点的管径应按照流量要求另行计算选取。

表 4.2.6 分支配气母管的管径选取范围

管径	DN15	DN20	DN25	DN40	DN50	DN65	DN80
	1/2″	3/4″	1″	1½″	2″	2½″	3″
供气点数	10	10～15	16～50	51～100	100～150	151～250	250 以上

3 仪用压缩空气供气母管及分支配气母管应采用不锈钢管，至仪表及气动设备的配气支管管路宜采用不锈钢管或紫铜管。

4 仪表控制气源系统管路上的隔离阀门宜采用不锈钢截止阀或球阀。

4.2.7 供气管路的敷设及安装要求应符合下列要求：

1 配气网络的供气管路宜采用架空敷设方式，管路敷设时，应避开高温、腐蚀、强烈震动等环境恶劣的位置。供气管路敷设时应有0.1%～0.5%的倾斜度，在供气管路某个区域的最低点应装设排污门。

2　架空敷设的供气管路与其他架空管线的净距应符合现行国家标准《压缩空气站设计规范》GB 50029—2003 第9.0.15条的规定。

本标准用词说明

1 为便于在执行本标准条文时区别对待，对要求严格程度不同的用词说明如下：

1）表示很严格，非这样做不可的：
正面词采用"必须"，反面词采用"严禁"；

2）表示严格，在正常情况下均应这样做的：
正面词采用"应"，反面词采用"不应"或"不得"；

3）表示允许稍有选择，在条件许可时首先应这样做的：
正面词采用"宜"，反面词采用"不宜"；

4）表示有选择，在一定条件下可以这样做的，采用"可"。

2 条文中指明应按其他有关标准执行的写法为："应符合……的规定"或"应按……执行"。

引用标准名录

《压缩空气站设计规范》GB 50029

《供配电系统设计规范》GB 50052

《低压配电设计规范》GB 50054

《电力工程电缆设计规范》GB 50217

《大中型火力发电厂设计规范》GB 50660

《外壳防护等级（IP代码）》GB 4208

《工业自动化仪表气源压力范围和质量》GB 4830

《电能质量　供电电压允许偏差》GB 12325

《低压熔断器　第1部分：基本要求》GB 13539.1

《仪器仪表基本术语》GB/T 13983

《低压开关设备和控制设备》GB 14048.1

《电能质量电力系统频率允许偏差》GB/T 15945

《交流电气装置的接地》DL/T 621

《火力发电厂热工自动化术语》DL/T 701

《电力用直流和交流一体化不间断电源设备》DL/T 1074

《电力工程直流系统设计技术规程》DL/T 5044

《火力发电厂厂用电设计技术规定》DL/T 5153

《火力发电厂烟气脱硫设计技术规程》DL/T 5196

《火力发电厂油气管道设计规程》DL/T 5204

《火力发电厂和变电站照明设计技术规定》DL/T 5390

《低压开关设备和控制设备　第3部分：开关、隔离器、隔离开关及熔断器组合电器》GB 14048.3

中华人民共和国电力行业标准

火力发电厂热工电源及气源系统设计技术规程

DL/T 5455—2012

条 文 说 明

制 定 说 明

《火力发电厂热工电源及气源系统设计技术规程》DL/T 5455—2012，经国家能源局2012年8月23日以第6号公告批准发布。

本规程制定过程中，编制组进行了大量细致的调查研究，总结了我国工程建设中火电厂电源系统和气源系统设计和运行的实践经验，同时参考了国外先进的技术法规、技术标准。

为了便于广大设计、施工、科研、学校等单位有关人员在使用本标准时能正确理解和执行条文规定，《火力发电厂热工电源及气源系统设计技术规程》编制组按章、节、条顺序编制了本规程的条文说明，对条文规定的目的、依据以及执行中需注意的有关事项进行了说明。但是，本条文说明不具备与规程正文同等的法律效力，仅供使用者作为理解和把握规程的参考。

2 术　　语

2.0.2 本条参照《低压开关设备和控制设备　第3部分：开关、隔离器、隔离开关及熔断器组合电器》GB 14048.3—2008/IEC 60947—3：2005定义2.3。

表1　电器定义概要

功　能		
接通和分断电流	隔离	接通、分断和隔离
开关	隔离器	隔离开关
熔断器组合电器		
开关熔断器组 ①	隔离器熔断器组 ①	隔离开关熔断器 ①
熔断器式开关	熔断器式隔离器	熔断器式隔离开关
①熔断器可接在电器的任一侧或接在电器触头间的一固定位置。		

注：1　所有电器可以为单断点或多断点。

2　图形符号根据现行国家标准《电气简图用图形符号　第7部分：开关、控制和保护器件》GB/T 4728.7。

2.0.3 本条参照现行国家标准《低压熔断器　第1部分：基本要求》GB 13539.1—2008/IEC 60269—1：2006定义2.1.1。

2.0.4 本条参照现行国家标准《低压熔断器　第1部分：基本要求》GB 13539.1—2008/IEC 60269—1：2006 定义 2.1.2。

2.0.5 本条参照现行国家标准《低压熔断器　第1部分：基本要求》GB 13539.1—2008/IEC 60269—1：2006 定义 2.1.3。

3　仪表与控制电源系统

3.1　供电范围、电源类型及电能质量

3.1.3　仪表与控制电源系统的电能质量应满足下列要求：

3　本款参照国家现行标准《火力发电厂厂用电设计技术规定》DL/T 5153—2002、《电能质量供电电压偏差》GB 12325—2008 和《电能质量电力系统频率偏差》GB/T 15945—2008 编制。

按照《火力发电厂厂用电设计技术规定》，在正常的电源电压偏移和厂用负荷波动的情况下，厂用电各级母线的电压偏移应不超过额定电压的±5％。

4　本款参照国家现行标准《电力用直流和交流一体化不间断电源设备》DL/T 1074—2007 编制。根据该标准，UPS 在各种模式下的总切换时间，一般情况应小于等于 4ms，只有在冷备用模式下从旁路输出切换至逆变输出时应小于等于 10ms。

5　本款参照国家现行标准《火力发电厂厂用电设计技术规定》DL/T 5153—2002、《电能质量供电电压偏差》GB 12325—2008 和《电能质量电力系统频率偏差》GB/T 15945—2008 编制。

按照《火力发电厂厂用电设计技术规定》，在正常的电源电压偏移和厂用负荷波动的情况下，厂用电各级母线的电压偏移应不超过额定电压的±5％。

6　本款参照国家现行标准《电力工程直流系统设计技术规程》DL/T 5044—2004 编制。

3.2　负荷分类及供电要求

3.2.1　仪表与控制电源系统的负荷应按以下原则进行分类：

2、3　此两款参照国家现行标准《火力发电厂厂用电设计

技术规定》DL/T 5153—2002 编制。仪表与控制电源均取自厂用电系统提供的各种电源，故分类名称宜与厂用电系统分类基本一致，并根据仪表与控制用电设备的特点和监控系统的运行要求进行负荷分类。

4　仪表控制设备的品种和数量都很多，但用电量均不大，不能按用电设备名称逐一列出，而是将设备用电负荷的特点列出。从表 3.2.1 常用仪表与控制设备电源负荷分类表中可以看出，用电设备特性和重要性不同，设计中应分析各种设备特点和在运行中的作用等来进行负荷分类和确定供电方式。

3.3　交流 380V 电源

3.3.1　交流 380V 带电导体系统的型式有：三相四线制、三相三线制。对应的系统接地型式：三相四线制为 TN 或 TT 系统；三相三线制为 IT 系统。

按照国际标准 IEC 以及《交流电气装置的接地》DL/T 621—1997 对接地的定义和分类，通常低压配电系统按接地型式的不同分为三类，即 TT、TN 和 IT 系统，根据中性线与保护线是否合并的情况，TN 系统又分为 TN-C、TN-S 及 TN-C-S 系统。如图 1～图 5 所示。接地型式的文字代号的意义见表 2。

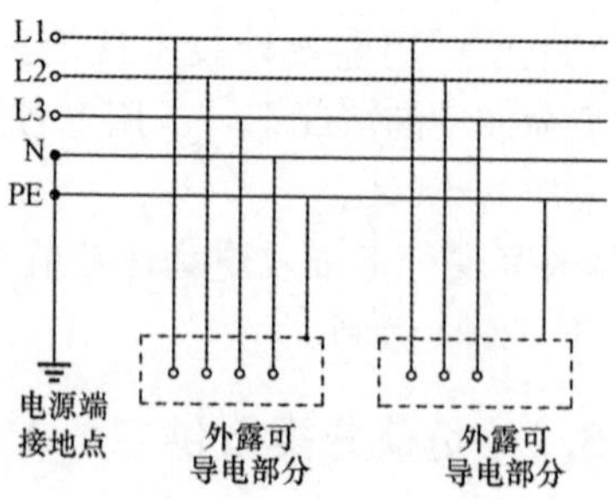

图 1　TN-S 系统

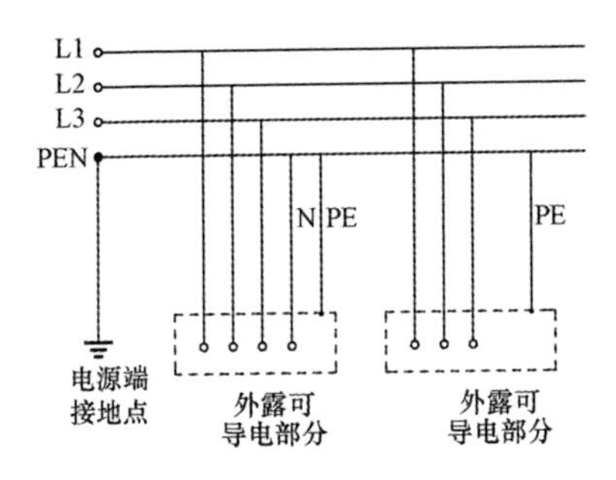

图 2 TN-C 系统

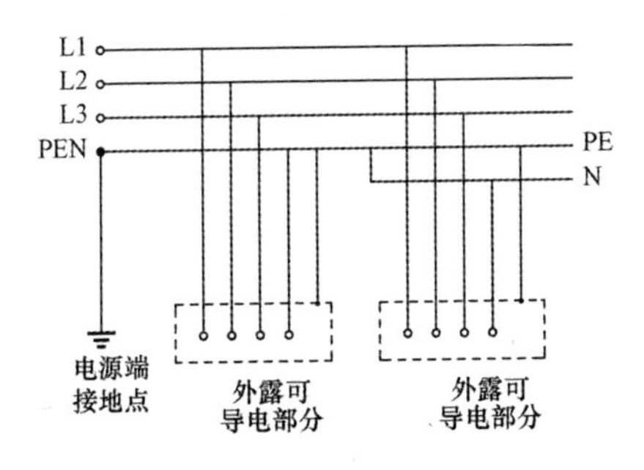

图 3 TN-C-S 系统

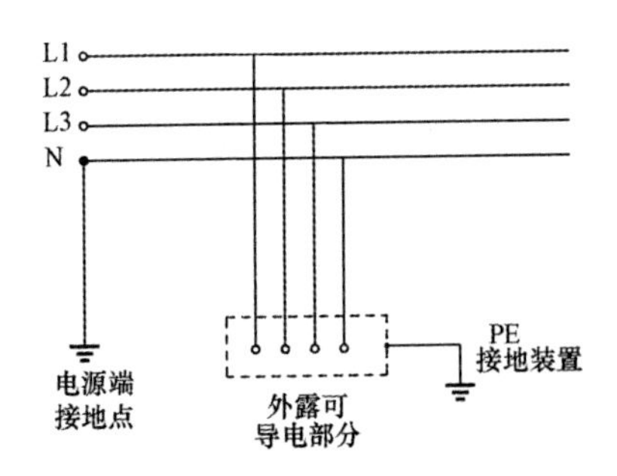

图 4 TT 系统

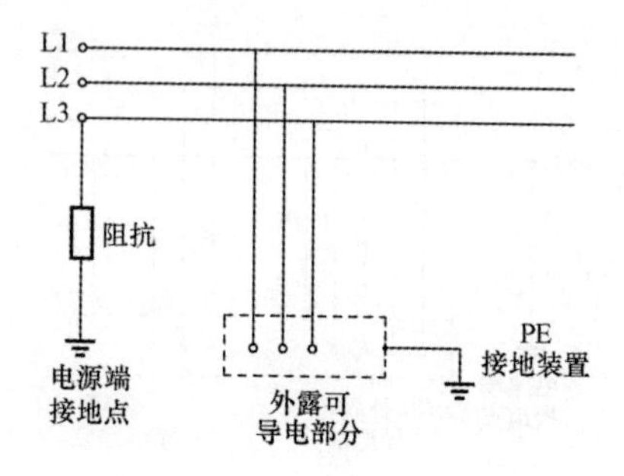

图5 IT系统

表2 系统接地型式文字代号的意义

第一个字母		第二个字母		后续字母	
表示电源端与对地的关系		表示用电气装置的外露可导电部分与地的关系		表示中性导体与保护导体的组合关系	
T	电源端有一点直接接地	T	电气装置的外露可导电部分直接接地，此接地点在电气上独立于电源端的接地点	C	中性导体与保护导体是合一的（PEN）
I	电源端所有带电部分不接地或有一点经阻抗接地	N	电气装置的外露可导电部分与电源端接地点有直接电气连接	S	中性导体与保护导体是分开的
				C-S	在靠近电源侧一段的中性导体和保护导体是合一的（PEN），从某点以后分为中性导体和保护导体

目前在国内火电厂厂用电系统的设计中，通常没有严格按国标定义的接地型式进行设计，在电力行业标准《火力发电厂厂用电设计技术规定》DL/T 5153—2002 中，对此也没有规定。考虑到《火力发电厂厂用电设计技术规定》正在进行修编，以及与国际标准和国家标准相一致等因素，本规程在兼顾目前国内常规设计（三线制、四线制系统）的基础上，引入了国际通用方法进行分类的配电系统。

3.3.2 根据工程情况，可结合用电对象的布置位置，将每组配电柜分为2组～3组布置。

3.3.4 交流380V配电柜供电应符合下列要求：

5 辅助车间动力配电母线由电气专业按厂用负荷等级采用一段或两段电源。

7 当仪表与控制配电柜分组布置在主厂房内不同标高时，通常相距较远，考虑到采用同一电源通过电缆并接到各分组配电柜时不安全，因此推荐直接引自厂用电源系统。

3.3.5 配电柜的两路电源通常来自不同的低压厂用变压器，并列时可能会由于两路电源的电压和相位不相同而产生环流。

3.3.6 根据现行行业标准《火力发电厂厂用电设计技术规定》DL/T 5153—2002，当低压厂用备用电源采用明（专用）备用变压器时，该备用变压器通常带有快速自投装置。

当低压厂用电源系统采用两台变压器互为（暗）备用时，低压厂用母线段一般不具有备用电源自投功能。如果仪表与控制配电柜的一路电源失电，需要仪表与控制配电柜能够迅速切换到另一路电源供电，即配电柜可设置自动切投装置。

3.3.7 交流380V电源系统的配电应符合下列要求：

1 备用回路的设置可为机组投运后增加用电设备提供方便。

3 配电柜可分为抽屉式配电柜和固定式配电柜：

1）抽屉式配电柜主要用于未配有功率控制部分的电动

执行机构，考虑到通常需要在配电柜上作阀门调试动作试验，因此要装设相应的开关、按钮和指示灯等。

3.4 交流220V电源

3.4.1 交流220V带电导体系统的型式有：单相二线制、单相三线制。对应的系统接地型式：单相二线制为TN－C或TT系统；单相三线制系统为TN系统。系统接地型式说明见本规程3.3.1条文说明。

3.4.2 仪表控制电源盘的供电应符合下列要求：

2 当2路电源均来自交流不间断电源（UPS）电源装置时，是由每台机组冗余的UPS电源装置分别供电。

4 多台机组公用系统的交流220V供电应自电气系统配电盘直接引入，不得与单元机组公用断路器，防止切除单元机组电源时同时切除公用系统的一路供电。

3.4.3 控制和保护系统的供电应符合下列要求：

2 本款是指锅炉保护系统和汽轮机跳闸保护系统单独设置时的供电要求；当锅炉保护系统与分散控制系统合并设置，汽轮机跳闸保护系统与汽轮机数字电液控制系统和分散控制系统合并设置时，系统的供电电源可与分散控制系统统一设置。

5 其他主厂房外的DCS远程柜：如循环水泵房、燃油泵房等。

3.4.4 其他仪表和控制设备的供电应符合下列要求：

1 为了避免仪表和控制盘柜的检修照明电源影响正常的对仪控设备供电，故要求盘柜的检修照明电源宜直接引自厂用电系统照明电源。考虑到检修电源与照明电源对于人身安全的要求是一致的，而且仪表控制的检修电源容量很小，因此可将检修电源与照明电源合并设置。

3.4.5 此条同3.3.5说明。

3.4.6 电源中断会影响仪表系统的工作，目前国际上尚未有明确规定工业自动化仪表允许电源瞬断时间，在设计控制回路时，只能根据各类电器和仪表的动作特性（切换时间）来综合考虑。

3.4.7 交流220V电源系统的配电应符合下列要求：

1 目前机组一般采用DCS控制，电源采用专用电源盘以放射方式供电使接线清晰可靠。而且由于交流220V电源负荷一般容量都较小，分电源盘作为总电源盘的一个支路是可行的，但对于容量较大的设备负荷仍宜取自总电源盘。

3.5 直流电源

3.5.1 直流电源系统的供电应符合下列要求：

3 对来自不同蓄电池组的两路直流电源可采用DC/DC隔离模块＋硅整流二极管作冗余电源配置方案。在直流备用进线回路上设DC/DC隔离模块，可避免因4个二极管工作点不匹配造成泄漏电流，形成两路电源间的环流，使接地检测装置误报警；也可避免因二极管发生击穿导致直流电源故障。采用此方案时，直流电源负荷的计算应注意考虑DC/DC隔离模块的电源损耗。

6 采用两套直流24V稳压装置冗余备份时，可增加输出二极管作为防止并列的措施。

3.6 负荷计算

3.6.1 交流380V电源负荷按下列原则计算：

1 配电柜内的各供电负荷性质不同，各类设备也不是同时动作，因此应分类统计以便较精确地计算用电负荷。

2 一般备用容量可按20%考虑。

3.6.3 直流110V（220V）电源负荷按下列原则计算：

1 根据国家现行标准《电力工程直流系统设计技术规程》

DL/T 5044—2004，直流负荷按性质分类如下：

1）经常负荷：要求直流系统在正常和事故工况下均应可靠供电的负荷。

2）事故负荷：要求直流系统在交流电源系统事故停电时间内可靠供电的负荷。

3）冲击负荷：在短时间内施加的较大负荷电流。冲击负荷出现在事故初期（1min）称初期冲击负荷，出现在事故末期或事故过程中称随机负荷（5s）。

对于仪表控制电源系统，失电跳闸的负荷属于经常负荷，如失电跳闸的汽机 ETS 跳闸电磁阀等；事故时带电动作的负荷属于事故初期（1min）的冲击负荷。如带电跳闸的 MFT 跳闸继电器回路等。

3.7 电源监视

3.7.2 电源监视设计应符合下列要求：

1 配电柜和电源分配柜应装设下列电源监视仪表：

1）设置母线电压表便于现场维护调试和检查。

2 开关辅助接点和报警开关都是显示断路器当前状态的机内附件。辅助开关显示断路器的分合状态，但无法区别断路器是否故障脱扣；报警开关显示断路器的故障脱扣状态。设计时可根据需要选用相关附件。

3.8 设备配置与选择

3.8.1 电器设备配置应符合下列要求：

1 配电柜和电源分配柜的进线侧隔离开关，用于断开该柜母线电源。

3 此条符合《低压配电设计规范》GB 50054；

在 TN-C 系统中，N 线与 PE 线合为 PEN 线，因此为保证安全，任何时候不允许断开 PEN 线，只能断开相应相线回路。

对于装设双电源切换的配电柜，由于系统中所有的中性线（N线）是通联的，为了确保被切换的电源开关（断路器）的检修安全，如果需要采用四极断路器，此时，应在断路器前将TN-C系统转换为TN-C-S系统，在电源柜内设PE母线，将PE点可靠接地即可。

4 各级保护电器的选择，应考虑上下级开关、进线开关与馈线开关的级差配合，防止开关越级跳闸。在发生短路故障时，供电回路中的各级保护电器应有选择性的动作，通常干线上的保护电器应较支线上的保护电器大一定的级差，决定级差时应计及上下级保护电器动作特性的误差、动作时间的选择性要求等。

5 两路电源来自不同变压器时，不能并列。

6 不同电压等级和不同类别的电源设备配置在同一个电源柜内，容易发生误操作或引发其他安全事故。当某种电源用电回路少，为减少电源盘而需要混合安装时，各类电源设备及相应端子排应分别布置在盘的不同侧面，连接导线宜采用不同颜色。同一电源盘引入多种电源时应区分清楚，以防误接误碰。

7 220V(AC)/24V(DC)稳压电源装置一般选用开关型电源，如果开关电源和线性电源价格相差不大时，也可选用性能更好的线性电源装置。

8 如果在每一个仪表保温箱内设置总漏电保护装置，当一个回路故障时会使得该保温箱内所有变送器的伴热回路均跳闸，且不方便查找真正故障的回路。

漏电保护可用作防止直接触电或间接触电事故的发生。在接地故障中所采用的漏电保护都是用作间接触电保护，即防止人体触及故障设备的金属外壳。漏电保护器的额定动作电流一般不大于30mA，动作时间不超过0.1s；如动作时间过长，30mA的电流可使人有窒息的危险。

3.8.3 隔离开关的选择应符合下列要求：

4 按照现行国家标准《低压开关设备和控制设备 第3部分：开关、隔离器、隔离开关及熔断器组合电器》GB 14048.3—2008的规定，电气开关分类不再有“负荷开关”类，只有隔离开关。而隔离开关是否能带载通断应以开关说明书的使用类别而定。

3.8.4 熔断器的选择应符合下列要求：

2 熔断器选型分进口和国产，具体的选型数据不同，应根据熔断器设备厂家的资料说明选择。对国产旧式熔断器，熔断器的额定电流大约是用电回路工作电流的1.5～2倍。而采用最新技术的进口熔断器，熔断器额定电流的选择可以同断路器，可靠系数的选择甚至比断路器更小。

4 在电动阀门控制回路中不推荐使用熔断器，而建议采用熔断器开关，是考虑当发生一相熔断时，对于三相电动机将导致两相运转的不良后果，也可用带发报警信号的熔断器予以弥补，一相熔断时可断开三相电源。

3.8.5 断路器的选择应符合下列要求：

2 断路器过电流脱扣器选择应注意：

断路器过电流脱扣整定电流应根据电器设备厂家的资料说明选择。

断路器过电流脱扣器的额定电流计算：

$$I_{Z} \geqslant KI_{e} \tag{1}$$

式中：I_{Z}——断路器脱扣器额定电流（A）；

I_{e}——用电设备回路额定电流（A）；

K——可靠系数，一般取1.25。

对于微型断路器，一般C型曲线用于保护常规负载和配电线缆；D型曲线用于保护启动电流大的冲击性负荷（电动机、变压器等）。在设计时除标注额定电流I_{n}，还应注意标注脱扣特性类型。

3 短路电流的计算可参考《火力发电厂厂用电设计技术规定》DL/T 5044—2004 附录 P，380V 系统短路电流计算曲线。

4 热磁脱扣是指过电流脱扣保护＋短路电流瞬时脱扣保护，即包含热脱扣、电磁脱扣两个功能。热脱扣是通过双金属片过电流延时发热变形推动脱扣传动机构；电磁脱扣是通过电磁线圈的短路电流瞬时推动衔铁带动脱扣。

对分体式（电动驱动装置不含动力控制回路）电动阀门的控制回路，采用断路器作为保护电器时，应加装热继电器。断路器的过载保护动作值没有热继电器精确，故断路器不能完全取代热继电器。

对设有热过载保护的电动机回路，断路器也可选带短路保护的单磁脱扣器。

3.8.6 导体截面的选择应符合下列要求：

2 本标准符合现行国家标准《电力工程电缆设计规范》GB 50217 对导体截面的选择要求。即：强电控制回路导体截面不应小于 $1.5mm^2$，弱电控制回路不应小于 $0.5mm^2$；多芯电力电缆导体最小截面，铜导体不宜小于 $2.5mm^2$，铝导体不宜小于 $4.0mm^2$。

对间断运行的两位式电动执行机构电缆选择减少电缆敷设的校正系数，对调节型电动执行机构应按持续载流计算，需要考虑电缆敷设校正系数。电缆敷设校正系数见现行国家标准《电力工程电缆设计规范》GB 50217。

4 仪表与控制气源系统

4.1 仪表与控制气源品质要求和用气量统计及计算

4.1.1 根据实际运行情况，连续吹扫取样防堵装置宜采用仪表气源。若连续吹扫取样防堵装置长时间使用杂用气源，气源中含有的油、水等会影响吹扫装置中补偿元件、流量测量元件的正常工作，导致信号测量精度下降。同时，过滤减压排水装置也需定期更换，维护量大。

4.1.2 目前，各气动仪表及设备供货商所采用的气源品质一般是按照国际标准《ISO 8573—1》的等级划分提出的。从实际统计的气源品质要求来看，普遍比现行国家标准《工业自动化仪表气源压力范围和质量》GB 4830—84 要高。考虑到该国标仍然有效，且工艺专业有关空压机气源品质较高。因此，本规程有关气源的露点、含尘粒径等仍然采用该国标中的规定。

以露点限制气源中的湿度是工程设计中普遍而适用的方法。当仪表气源中的水分一旦低温冷凝（结露），会使仪表管路生锈腐蚀，降低仪表工作的可靠性。仪表气源在不同的工作压力下的露点与常压下的露点是不一致的，工作压力下的露点温度应根据现行国家标准《工业自动化仪表气源压力范围和质量》GB 4830—84 中的压力露点与常压露点的关系曲线换算。工作环境的下限值可按照工作环境的多年平均最低温度选取。

对于含尘量，现行国家标准《工业自动化仪表气源压力范围和质量》GB 4830—84 中只有气源含尘粒径的指标，没有含尘浓度的指标，根据现行国家标准《一般用压缩空气质量等级》GB/T 13277—91 中的固体粒子尺寸和浓度等级对应，含尘浓度可取 $1mg/m^3$。

气源中的含油量是按照国际标准 ANSI/ISA-7.0.01—1996Quality standard for instrument air 提出的。

4.1.4 与现行国家标准《大中型火力发电厂设计规范》GB 50660—2011 中 18.0.3 的要求一致。

4.1.5 与国家现行标准《火力发电厂油气管道设计规程》DL/T 5204—2005 中 7.1.4 的要求一致。

4.1.6 本标准所定义的标准状态（绝对压力 101.3kPa，20℃）下的耗气量与工艺专业标准《火力发电厂油气管道设计规程》DL/T 5204—2005 中的定义一致。当气动仪表或控制设备的耗气量为工作状态下的参数时，必须加以换算。换算公式为：

$$Q_w = Q_s \times \frac{(273+t)}{9.87 \times (273+20) \times p} \tag{2}$$

式中：Q_w——工作状态下的体积流量（m^3/h）；

Q_s——标准状态（绝对压力 101.3kPa，20℃）下的体积流量（$N \cdot m^3/h$）；

p——工作压力（MPa）。

4.2 配气网络和设备配置

4.2.1 从空压机储气罐引出的供气母管一般采用双母管，各车间和用气区域从双母管各自引接一路至配气网络。

4.2.3 由于耗气量波动较大的用气设备动作时会对相邻负荷用气产生影响，应在气源母管上单独取源。

4.2.4 集中供气时采用并列的两台大容量过滤减压器，互为备用，比分别设置较多的过滤减压器较经济。

所有用气设备的进口均应设置阀门用于隔断。各配气支管的进口侧设置阀门是用于支管故障时的检修和维护。

设置小型储气罐的目的是保证重要的用气设备在由于供气管路太长造成传导延时和压降增大时各保护设备动作可靠。

4.2.5 至锅炉、汽机、化学、除灰、脱硫、脱硝等工艺系统供气母管上装设流量变送器可实现对各系统仪表与控制设备耗气量的实时测量及监控。

4.2.6 压缩空气供气管路的管径应根据介质流速、体积流量、工作压力等参数计算得出，具体计算公式如下（参见国家现行标准《火力发电厂油气管道设计规程》DL/T 5204—2005）：

$$D = 18.81\sqrt{\frac{Q}{V}} \tag{3}$$

式中：D——管子内径（mm）；

V——介质流速（m/s）；

Q——工作状态下的体积流量（m^3/h）。

其中，仪用压缩空气的介质流速一般按照10m/s～15m/s选取。设计过程中，也可根据设备资料及经验数值确定各供气管路的管径。

管路材料的选择要求与《火力发电厂热工自动化就地设备安装、管路及电缆设计技术规定》DL/T 5182—2004及《火力发电厂油气管道规程》DL/T 5204—2005要求一致。对于某些工程中使用的PVC塑料管、铝塑管、不锈钢复合管等材料，由于尚无使用的成熟经验，且未形成规模，暂不推荐使用。紫铜管与不锈钢管比较起来，耐大气腐蚀性差，所以可尽量采用不锈钢管。